essentials

Essentials liefern aktuelles Wissen in konzentrierter Form. Die Essenz dessen, worauf es als „State-of-the-Art" in der gegenwärtigen Fachdiskussion oder in der Praxis ankommt. *Essentials* informieren schnell, unkompliziert und verständlich

- als Einführung in ein aktuelles Thema aus Ihrem Fachgebiet
- als Einstieg in ein für Sie noch unbekanntes Themenfeld
- als Einblick, um zum Thema mitreden zu können

Die Bücher in elektronischer und gedruckter Form bringen das Fachwissen von Springerautor*innen kompakt zur Darstellung. Sie sind besonders für die Nutzung als eBook auf Tablet-PCs, eBook-Readern und Smartphones geeignet. *Essentials* sind Wissensbausteine aus den Wirtschafts-, Sozial- und Geisteswissenschaften, aus Technik und Naturwissenschaften sowie aus Medizin, Psychologie und Gesundheitsberufen. Von renommierten Autor*innen aller Springer-Verlagsmarken.

Karim Ghaib

Pyrolyse lignocellulosehaltiger Biomasse

Karim Ghaib
Griesheim, Deutschland

ISSN 2197-6708   ISSN 2197-6716 (electronic)
essentials
ISBN 978-3-658-51113-5   ISBN 978-3-658-51114-2 (eBook)
https://doi.org/10.1007/978-3-658-51114-2

Die Deutsche Nationalbibliothek verzeichnet diese Publikation in der Deutschen Nationalbibliografie; detaillierte bibliografische Daten sind im Internet über https://portal.dnb.de abrufbar.

Springer Vieweg ist ein Imprint der eingetragenen Gesellschaft Springer Fachmedien Wiesbaden GmbH und ist ein Teil von Springer Nature.
Die Anschrift der Gesellschaft ist: Abraham-Lincoln-Str. 46, 65189 Wiesbaden, Germany

Vorwort

Die Energiewende ist nicht nur eine technische Herausforderung, sondern eine gesellschaftliche Notwendigkeit. In Zeiten steigender CO_2-Emissionen gewinnt die Nutzung nachwachsender Rohstoffe eine zentrale Bedeutung. Lignocellulosehaltige Biomasse – als Hauptbestandteil pflanzlicher Reststoffe – bietet hierfür ein enormes Potenzial: Sie ist erneuerbar, weit verbreitet und trägt durch ihre Kohlenstoffneutralität aktiv zur Klimabilanz bei.

Die Pyrolyse, ein Jahrhunderte altes Verfahren, hat sich dabei als eine der vielseitigsten thermochemischen Technologien erwiesen, um diesen komplexen Rohstoff in wertvolle Produkte zu zerlegen: in Biokohle für die Kohlenstoffspeicherung und Bodenverbesserung, in flüssiges Bioöl als Ausgangsmaterial für Kraftstoffe und Chemikalien sowie in Synthesegas für die Energieerzeugung.

Dieses Essential möchte einen kompakten, aber fundierten Überblick über den aktuellen Stand der Forschung zur Pyrolyse lignocellulosehaltiger Biomasse geben. Es verbindet die grundlegende chemische und prozesstechnische Betrachtung mit anwendungsorientierten Lösungsansätzen. Die Kapitel führen systematisch von der Charakterisierung des Rohstoffs über die Prozessoptimierung bis hin zu fortgeschrittenen Hybrid- und Katalyseverfahren. Ziel ist es, Ingenieuren in der Praxis, Forschern im Labor, Entscheidungsträgern in der Industrie und der Politik sowie Studierenden der relevanten Fachrichtungen die wesentlichen Prinzipien, Zusammenhänge und neuesten Erkenntnisse dieses Feldes zugänglich zu machen.

Griesheim, Deutschland
Januar 2026

Karim Ghaib

Was Sie in diesem *essential* finden können

- Eine systematische Einführung in die chemische Zusammensetzung und Eigenschaften lignocellulosehaltiger Biomasse – einschließlich ihrer Herausforderungen für die thermochemische Umwandlung.
- Eine detaillierte Übersicht über Vorbehandlungsverfahren (physikalisch, chemisch, thermisch), ihre Wirkmechanismen und ihre Auswirkungen auf Pyrolyseprodukte.
- Eine klare Darstellung der Pyrolyseprozessparameter (Temperatur, Aufheizrate, Verweilzeit) und deren Einfluss auf die Produktverteilung (Biokohle, Bioöl, Synthesegas).
- Eine fundierte Analyse der Co-Pyrolyse mit Kunststoffen als strategisches Konzept zur Verbesserung der Bioöleigenschaften.
- Eine kritische Bewertung von katalytischen Ansätzen (Zeolithe, Metalloxide, Kohlenstoffträger) zur gezielten Aufwertung von Pyrolyseprodukten und deren Limitationen.

Interessenkonflikt Der/die Autor*in hat keine relevanten Interessenskonflikte im Zusammenhang mit dieser Publikation.

Kurzfassung

Die Pyrolyse lignocellulosehaltiger Biomasse bietet ein vielversprechendes Verfahren zur nachhaltigen Bereitstellung von Energie und Chemikalien und stellt damit eine Schlüsseltechnologie im Übergang von fossilen zu erneuerbaren Ressourcen dar. Dieses Essential gibt einen umfassenden Überblick über aktuelle Entwicklungen zur Optimierung der Pyrolyse durch gezielte Vorbehandlung, Prozessführung, Co-Pyrolyse mit Kunststoffabfällen und den Einsatz heterogener Katalysatoren. Behandelt werden dabei die chemische Zusammensetzung der Biomasse (Cellulose, Hemicellulose, Lignin), der Einfluss von Feuchte-, Aschegehalt und Partikelgröße sowie verschiedene Pyrolyseverfahren – von langsamer über schnelle bis hin zur Blitzpyrolyse. Ein besonderer Fokus liegt auf der Aufwertung des primären Bioöls, dessen Nutzung durch hohe Sauerstoff- und Wassergehalte, Korrosivität und Instabilität eingeschränkt ist. Strategien wie Torrefizierung, Dampfexplosion oder chemische Vorbehandlung verbessern die Reaktivität der Biomasse, während die Co-Pyrolyse mit wasserstoffreichen Kunststoffen synergistisch den Sauerstoffgehalt reduziert und die Bioölqualität steigert. Der Einsatz heterogener Katalysatoren – insbesondere ZSM-5, Metalloxide und kohlenstoffbasierter Materialien – ermöglicht eine effiziente Deoxygenierung und selektive Bildung aromatischer Verbindungen. Ergänzend wird die temperaturprogrammierte Pyrolyse als innovativer Ansatz zur Fraktionierung und Homogenisierung der Produkte vorgestellt. Insgesamt liefert dieses Essential fundierte Erkenntnisse für Ingenieure, Forscher, Studierende und politische Entscheidungsträger zur Entwicklung effizienter und wirtschaftlicher biomassebasierter Kreislaufwirtschaftssysteme.

Inhaltsverzeichnis

Einleitung 1

Ein steigender globaler Energiebedarf, der hauptsächlich durch die Verbrennung endlicher fossiler Brennstoffe gedeckt wird, wirft gravierende Bedenken hinsichtlich CO_2-Emissionen und Ressourcenverknappung auf und gefährdet damit eine nachhaltige Entwicklung. Daher ist die Transformation unseres Energiesystems – der unausweichliche Übergang von fossilen zu erneuerbaren Quellen – keine bloße Option, sondern eine zwingende Notwendigkeit und die zentrale Herausforderung unserer Zeit.

Biomasse ist organisches Material, das aus lebenden Organismen stammt. Aufgrund ihrer Regenerationsfähigkeit innerhalb relativ kurzer Zeiträume stellt Biomasse eine erneuerbare Ressource dar. Sie gilt als einzige kohlenstoffhaltige erneuerbare Energiequelle und verfügt über vielfältige Quellen und ein großes Speichervolumen. Sie kann in hochwertige Kraftstoffe und Chemikalien umgewandelt werden und gilt daher als vielversprechendste Alternative zu fossilen Brennstoffen. Sie wird allgemein in lignocellulosehaltige und aquatische Typen unterteilt (Sheldon 2014; Vuppaladadiyam et al. 2023).

Die Pyrolyse von lignocellulosehaltiger Biomasse zeichnet sich durch ihre Umwelt- und Ressourceneffizienz aus, da sie geringere Emissionen verursacht und eine vollständige Nutzung der Produkte ermöglicht. Der Prozess liefert drei Produktfraktionen: Biokohle, Bioöl und ein Gasgemisch, das hauptsächlich aus CO_2, CO, H_2 und CH_4 besteht (Castello et al. 2017; Chaloupková et al. 2018; Saletnik et al. 2018). Er verläuft in drei Hauptphasen: Trocknung, Depolymerisierung und Fragmentierung (Yogalakshmi et al. 2022). Zunächst verliert der Ausgangsstoff in der Trocknungsphase Feuchtigkeit. Anschließend erfolgt die Depolymerisierung, bei der komplexe Makromoleküle – wie Cellulose, Hemicellulose und Lignin – in flüchtige Verbindungen zerlegt werden, wodurch kondensierbare

K. Ghaib, *Pyrolyse lignocellulosehaltiger Biomasse*, essentials, https://doi.org/10.1007/978-3-658-51114-2_1

und nicht-kondensierbare Gase entstehen. In der abschließenden Fragmentierungs-phase unterliegen diese flüchtigen Bestandteile einer weiteren thermischen Spaltung und hinterlassen schließlich einen festen Rückstand, die Biokohle. Der Verlauf und das Ergebnis dieser Phasen hängen stark von der Zusammensetzung des Ausgangsmaterials, dessen Vorbehandlung sowie der Prozessführung ab. Durch gezielte Anpassung dieser Parameter lassen sich der Prozess für spezifische Anwendungen optimieren und sowohl die Effizienz als auch die Produktausbeute verbessern (Jagaba et al. 2024; Mohammad et al. 2015; Waqas et al. 2023; Xiong et al. 2013).

Je nach Temperatur, Aufheizrate und Verweilzeit wird die Pyrolyse in langsame, schnelle und Blitzpyrolyse ("flash pyrolysis") unterteilt (Papari und Hawboldt 2015). Langsame Pyrolyse erfolgt unterhalb von 600 °C bei relativ langer Verweilzeit und dient hauptsächlich der Biokohleproduktion. Schnelle Pyrolyse arbeitet mit Aufheizraten von 100–300 °C/s und Dampfverweilzeiten von < 2 s und begünstigt hohe Bioölausbeuten. Die Blitzpyrolyse zeichnet sich durch noch höhere Aufheizraten (> 1000 °C/s) und extrem kurze Verweilzeiten (< 0,5 s) aus und kann die Bioölausbeute weiter steigern.

Biokohle besitzt einen hohen Heizwert, der oft mit dem von Industriekohle vergleichbar ist, und stellt somit einen vielversprechenden festen Brennstoff dar (Fu et al. 2012; Mohanty et al. 2014). Sie kann direkt verbrannt oder zur Mitverbrennung ("co-firing") zur Stromerzeugung eingesetzt werden. Über energetische Anwendungen hinaus ermöglicht ihr hoher Kohlenstoffgehalt und ihre mikroporöse Struktur vielfältige industrielle Nutzungsmöglichkeiten. In der Landwirtschaft verbessert Biokohle die Bodenqualität, indem sie den Nährstoffabbau verlangsamt, wodurch die Bodenfruchtbarkeit gesteigert wird. Im Bereich der Umwelttechnik adsorbiert Biokohle effektiv Schwermetalle – darunter Chrom (Deveci und Kar 2013; Mohan et al. 2011), Cadmium (Mohan et al. 2014), Nickel (Kılıç et al. 2013), Quecksilber (De et al. 2013) und Blei (Mohan et al. 2007) – sowie organische Schadstoffe wie Tetracyclin (Liu et al. 2012) und Phenol (Liu et al. 2011). Zudem bietet sie eine kostengünstige und effiziente Lösung zur Entfernung synthetischer Farbstoffe aus textilen Abwasserströmen und trägt damit zur Bewältigung einer bedeutenden Quelle der Wasserverschmutzung und damit verbundener Gesundheitsrisiken bei (Ates und Un 2013; Mui et al. 2010; Rangabhashiyam et al. 2013).

Bioöl ist ein vielseitiges Produkt, das aufgrund seiner Fähigkeit zur Reduzierung von Treibhausgasemissionen anerkannt ist. Es kann direkt als flüssiger Brennstoff eingesetzt oder weiter aufbereitet und zu hochwertigen Biokraftstoffen raffiniert werden, die für Verbrennungsmotoren geeignet sind – eine Anwendung, deren Machbarkeit bereits nachgewiesen wurde. Darüber hinaus ist Bioöl eine wertvolle

Quelle spezialisierter Chemikalien. Dennoch stehen der biomassebasierten Bioölproduktion erhebliche Herausforderungen gegenüber, die bewältigt werden müssen, um ihr Potenzial vollständig auszuschöpfen. Zu den inhärenten Eigenschaften, die seine Anwendung einschränken, zählen ein niedriger Heizwert (13–18 MJ/kg), ein hoher Wassergehalt (20–35 Gew.-%) sowie korrosive, saure Eigenschaften (pH 2,5–3). Zudem liegt seine Viskosität zwischen der von leichtem und schwerem Heizöl, es weist eine hohe Zündtemperatur auf, kann keine stabile Verbrennung aufrechterhalten und ist schlecht in Mineralölen löslich. Hinzu kommen seine Neigung zur Polymerisation und seine hohe Dichte (1170–1220 kg/m³), die derzeit seine umfassende kommerzielle Nutzung verhindern (Hu und Gholizadeh 2020; Venderbosch 2019). Die problematischen Eigenschaften des pyrolytischen Bioöls – wie der geringe Heizwert – resultieren hauptsächlich aus einem hohen Sauerstoffgehalt und der Anwesenheit sauerstoffhaltiger Verbindungen, die auch die Dichte erhöhen. Die Unfähigkeit, eine stabile Verbrennung zu gewährleisten, hängt mit dem hohen Wassergehalt zusammen, während Makromoleküle wie Guajakole, Naphthalin und phenolische Verbindungen für eine hohe Viskosität, eine hohe Dichte und einen niedrigen pH-Wert verantwortlich sind (Mullen et al. 2010). Zur Bewältigung dieser Herausforderungen wurden verschiedene Ansätze verfolgt, darunter eine sorgfältige Auswahl der Biomasse (Palamanit et al. 2019), die Co-Pyrolyse (Cao et al. 2018; Supramono und Edgar 2019), die Optimierung der Pyrolysebedingungen (Aguilar et al. 2015; Hani und Hailat 2016) und die Reaktorkonfigurationen (Shao et al. 2017; Siriwardhana 2020) sowie nachgeschaltete Verfahren wie Extraktion, Fraktionierung (Chan et al. 2020) und der Einsatz von Katalysatoren (Naqvi und Naqvi 2018; Wang et al. 2021).

Dieses Essential konzentriert sich auf aktuelle Entwicklungen bei der Umwandlung lignocellulosehaltiger Biomasse mittels Pyrolyse. Im Fokus stehen Vorbehandlung, Prozessparameter, Co-Pyrolyse und Katalyse und es liefert somit wesentliche Erkenntnisse für Ingenieure, Forscher, Studierenden, industrielle Anwender und politische Entscheidungsträger im Bereich erneuerbarer Energien.

Lignocellulosehaltige Biomasse 2

Lignocellulosehaltige Biomasse besteht hauptsächlich aus Cellulose, Hemicellulose, Lignin, anderen Biopolymeren und Asche. Dazu gehören Waldreststoffe, landwirtschaftliche Rückstände sowie speziell für energetische Zwecke angebaute Energiepflanzen. Lignocellulosehaltige Biomasse zeichnet sich durch weite Verfügbarkeit und relativ geringe Kosten aus. Holzartige Biomasse umfasst Bestandteile wie Stämme, Äste, Blätter, Rinde und Holzschnitzel verschiedener Baumarten – darunter Kiefern, Fichten, Eichen, Ahorne, Mammutbäume und Lärchen. Die Hauptquelle für holzartige Biomasse sind bewaldete Gebiete. Landwirtschaftliche Biomasse umfasst eine Vielzahl von Ernterückständen wie Stängel, Stroh und Schalen.

Cellulose ist der Hauptbestandteil nahezu aller pflanzlichen Zellwände. Sie ist überwiegend kristallin, mit einem geringeren amorphen Anteil. Ihre Ketten – bestehend aus Glucoseeinheiten – sind durch Wasserstoffbrückenbindungen und van-der-Waals-Kräfte miteinander verknüpft und bilden Mikrofibrillen. Diese Mikrofibrillen sind von Hemicellulose und Lignin umgeben und bilden gemeinsam Cellulosefasern.

Cellulose ist ein lineares Polymer aus D-Glucose und zeichnet sich durch eine stabile Struktur aus, die durch β-(1 $\rightarrow$ 4)-glykosidische Bindungen entsteht. Die D-Glucose-Monomere sind über ein Sauerstoffatom kovalent mit dem C1-Ring eines Glucosemoleküls und dem C4-Ring des benachbarten, um 180° axial gedrehten Glucosemoleküls verknüpft (Abb. 2.1). Diese Anordnung führt in Kombination mit zahlreichen intra- und intermolekularen Wasserstoffbrückenbindungen zu einer Unlöslichkeit und chemischen Stabilität der Cellulose. Intramolekulare Wasserstoffbrücken bilden sich zwischen der Hydroxylgruppe am C3 und dem ringständigen

© Der/die Autor(en), exklusiv lizenziert an Springer Fachmedien Wiesbaden GmbH, ein Teil von Springer Nature 2026
K. Ghaib, *Pyrolyse lignocellulosehaltiger Biomasse*, essentials,
https://doi.org/10.1007/978-3-658-51114-2_2

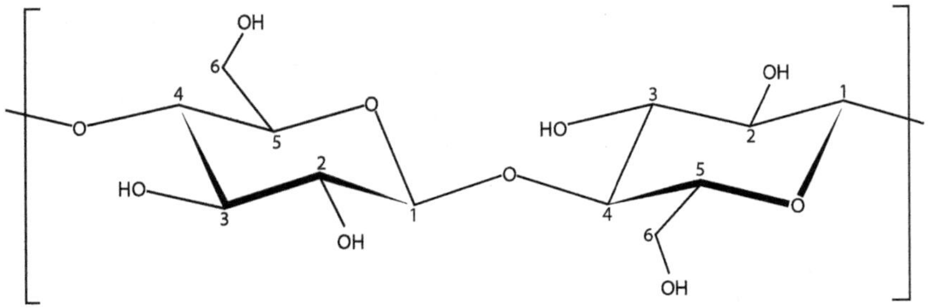

Abb. 2.1 Cellulosestruktur

Sauerstoff sowie zwischen der Hydroxylgruppe am C2 und dem Sauerstoff der Hydroxymethylgruppe am C6. Intermolekulare Wasserstoffbrücken entstehen zwischen den Monomeren verschiedener Ketten, insbesondere zwischen der Hydroxymethylgruppe am C6 einer Kette und der Hydroxylgruppe am C3 einer benachbarten Kette.

Hemicellulose ist stark über Wasserstoffbrückenbindungen mit Cellulose und über kovalente Bindungen mit Lignin verknüpft. Diese Wechselwirkungen spielen eine entscheidende Rolle bei der Verbesserung der mechanischen Eigenschaften der Zellwand, insbesondere ihrer Steifigkeit und Flexibilität. Hemicellulose ist ein heterogenes Polysaccharid mit einem deutlich geringeren Molekulargewicht als Cellulose. Sie besitzt eine amorphe, verzweigte Struktur und ist gut in Wasser und organischen Säuren löslich. Im Gegensatz zur homogenen Struktur der Cellulose besteht ihre Molekülkette aus Pyranose- und Furanosezuckereinheiten, darunter D-Xylose, D-Mannose, D-Glucose, D-Galactosyl, L-Arabinose, Galacturonsäure und Glucuronsäure (Scheller und Ulvskov 2010). Die Art der Hemicellulose hängt von der Pflanzenart, dem Zelltyp, dem Pflanzenteil sowie dem Entwicklungsstadium ab. Hemicellulose wird in Studien zur Pyrolyse lignocellulosehaltiger Biomasse häufig als Xylan angenommen (Usino et al. 2020).

Lignin weist im Vergleich zu Cellulose und Hemicellulose eine deutlich komplexere molekulare Struktur auf. Es handelt sich um ein amorphes, dreidimensionales Polymer, das hauptsächlich aus drei Arten von Phenylpropaneinheiten besteht – p-Hydroxyphenyl, Guaiacyl und Syringyl –, die durch verschiedene C–C-Bindungen sowie Etherbindungen wie α-O-4- und β-O-4-Bindungen verknüpft sind (Dai et al. 2019; Li et al. 2020; Lu et al. 2021; Wang et al. 2015a, 2017).

Chemisch gesehen ist lignocellulosehaltige Biomasse ein komplexes Gemisch, das hauptsächlich aus Kohlenstoff, Sauerstoff, Wasserstoff, Schwefel, Stickstoff und Asche besteht. Kohlenstoff macht in der Regel den größten Massenanteil aus, gefolgt von Sauerstoff und dann Wasserstoff. Selbst der höchste Kohlenstoffgehalt in lignocellulosehaltiger Biomasse bleibt jedoch deutlich unter dem in fossilen Brennstoffen enthaltenen Anteil. Obwohl die Gehalte an Stickstoff und Schwefel in lignocellulosehaltiger Biomasse im Allgemeinen geringer sind als in fossilen Brennstoffen, ist der Sauerstoffgehalt ein entscheidender Unterschied: Biomasse enthält typischerweise 20–45 Gew.-% Sauerstoff, während erdölbasierte Kraftstoffe vernachlässigbare Mengen aufweisen. Dieser erhebliche Unterschied im Sauerstoffgehalt ist ein wesentlicher Faktor, der Biokraftstoffe von konventionellen fossilen Kraftstoffen unterscheidet (Demirbas 2008). Die geringeren Stickstoff- und Schwefelgehalte bieten allerdings deutliche Umweltvorteile. Sie führen zu reduzierten Emissionen, verringern das Potenzial für sauren Regen und tragen zu einer insgesamt geringeren Umweltbelastung im Vergleich zu fossilen Brennstoffen bei (González et al. 2004).

Die Auswahl des Ausgangsmaterials lignocellulosehaltiger Biomasse beruht auf mehreren Faktoren, darunter Zusammensetzung, Energiegehalt, Schüttdichte, Heterogenität, Verfügbarkeit, Kosten und Umweltwirkung. Lignocellulosehaltige Biomasse kann entsprechend ihres Cellulose-, Hemicellulose- und Ligningehalts klassifiziert werden. Diese Klassifizierung ist besonders nützlich, wenn spezifische Pyrolyseprodukte angestrebt werden, da diese Komponenten die Produktverteilung maßgeblich beeinflussen. Ausgangsmaterialien mit höherem Ligningehalt führen bei der Pyrolyse typischerweise zu einer erhöhten Biokohleausbeute (Demirbas 2004c; Lv et al. 2010). Der Ligningehalt variiert je nach Biomasseart und führt zu unterschiedlichen Abbaugeschwindigkeiten. Nadelholzlignin ist thermisch stabiler als Laubholzlignin und liefert tendenziell höhere Biokohleausbeuten (Brebu und Vasile 2010). Cellulose zeigt eine temperaturabhängige Zersetzung: Bei niedrigeren Temperaturen bildet sie die relativ stabile Anhydrocellulose, was die Biokohlebildung begünstigt, während sie bei höheren Temperaturen hauptsächlich in flüchtige Verbindungen zerfällt (Brebu und Vasile 2010). Insgesamt sind Cellulose und Hemicellulose die Hauptquellen flüchtiger Produkte, während Lignin die Biokohleausbeute bestimmt (Yang et al. 2006). Im Vergleich zur Hemicellulose liefert die Cellulosepyrolyse mehr flüchtige Bestandteile. Cellulose ist zudem der Hauptlieferant für Teer.

Der Energiegehalt lignocellulosehaltiger Biomasse wird hauptsächlich durch die Anteile an Kohlenstoff und Wasserstoff bestimmt, da diese Elemente den Hauptbeitrag zum Energiegehalt leisten. Zur Bewertung des energetischen Potenzials lignocellulosehaltiger Biomasse können das Wasserstoff-zu-Kohlenstoff (H/C)- und das Sauerstoff-zu-Kohlenstoff (O/C)-Verhältnis berücksichtigt werden (Mohammed et al. 2022; Okoroigwe et al. 2015). Während eine ideale Energiequelle ein hohes H/C- und ein niedriges O/C-Verhältnis aufweist, zeigt lignocellulosehaltige Biomasse typischerweise das Gegenteil, weshalb eine Aufwertung des Ausgangsmaterials zur Herstellung hochwertiger Produkte notwendig ist.

Neben der grundlegenden Zusammensetzung aus Cellulose, Hemicellulose und Lignin sowie den O/C- und H/C-Verhältnissen beeinflusst auch die Asche – bestehend aus Alkali- und Erdalkalimetallen sowie weiteren Mineralien wie Eisen, Silicium, Kalium und Calcium – die Produktion und Zusammensetzung pyrolytischer Produkte (García-Maraver et al. 2014; Tran et al. 2020). Untersuchungen an Maisstroh und Lignin zeigten, dass die Zugabe von Calcium- und Kaliumsalzen Demethylierungs- und Demethoxylierungsreaktionen fördert und somit die Phenolausbeute erhöht (Díaz-Vázquez et al. 2015; Liu et al. 2017). Da der Aschegehalt innerhalb lignocellulosehaltiger Biomasse variiert – er ist in Rinde und Blättern höher als in Stämmen (Vitázek et al. 2021) und besonders hoch in Materialien wie Reishülsen (Kabir und Hameed 2017) – können gezielte Synergien genutzt werden. Die Kombination von Biomasse mit hohem Aschegehalt und Biomasse mit hohem Energiegehalt könnte die Produktausbeuten und -zusammensetzung optimieren.

Feuchte ist ein weiterer kritischer Faktor. Feuchtigkeit kann als freie Flüssigkeit, adsorbiertes (chemisch gebundenes) Wasser oder innerhalb der porösen Struktur der lignocellulosehaltigen Biomasse vorliegen (Bryden und Hagge 2003). Während der Pyrolyse wird ein Teil der zugeführten Energie für die Verdampfung dieser Feuchtigkeit verbraucht, was die effektive Aufheizrate verringert und die Zeit verlängert, die benötigt wird, um die gewünschten Pyrolysetemperaturen zu erreichen (Janse et al. 2000). Lignocellulosehaltige Biomasse mit einem Feuchtegehalt über 30 % ist für eine effiziente Pyrolyse im Allgemeinen ungeeignet (Demirbas 2004c). Experimentelle Studien zeigten, dass niedrigere Feuchtegehalte zu höheren Biokohleausbeuten führen. So erzeugte Holz mit 5 % Feuchte mehr Biokohle als Holz mit 20 % Feuchte – ein Trend, der sich über verschiedene Aufheizraten hinweg bestätigte (Fang et al. 2014).

Die Verfügbarkeit lignocellulosehaltiger Biomasse wird durch räumliche Verteilung, saisonale Schwankungen und den logistischen Aufwand beim Transport beeinflusst, was alles bewertet werden muss. Zudem ist die Wirtschaftlichkeit unter Berücksichtigung von Beschaffungs-, Handhabungs-, Lager- und Verarbeitungskosten entscheidend. Die optimale Lösung erfordert ein ausgewogenes Verhältnis zwischen Rohstoffkosten, Prozesseffizienz und Erlösen aus dem Verkauf der Produkte. Auch die Umweltwirkung muss bewertet werden – einschließlich Änderungen der Landnutzung, Verlust der Biodiversität, Treibhausgasemissionen und Wasserverbrauch.

Vorbehandlung 3

Die kommerzielle Nutzung von Rohbioöl ist aufgrund seiner geringen Qualität – insbesondere seines niedrigen Heizwerts und seines hohen Säuregehalts – stark eingeschränkt. Das Bestreben, Bioöl mit höherem Wert für spezifische Anwendungen herzustellen, hat die Forschung zur Modifizierung von Biomasseeinsatzstoffen für die Pyrolyse durch Vorbehandlungstechniken vorangetrieben. Neben der Verbesserung der Bioölqualität führt die Vorbehandlung zu einer beschleunigten Prozessgeschwindigkeit, einer besseren Kompatibilität mit Pyrolyseanlagen sowie einer reduzierten betrieblichen Komplexität. Unter den verschiedenen verfügbaren Vorbehandlungsverfahren werden in diesem Kapitel vier Verfahrenskategorien beschrieben: physikalische, chemische, physikochemische und thermochemische Verfahren.

3.1 Physikalische Vorbehandlung

Die physikalische Vorbehandlung umfasst Methoden, die durch konventionelles mechanisches Zerkleinern oder Bestrahlung die Partikelgröße und Kristallinität von lignocellulosehaltiger Biomasse direkt reduzieren (Hoeger et al. 2013). Bei der mechanischen Zerkleinerung wirken Mahl-, Scher-, Druck- und Stoßkräfte, wodurch die spezifische Oberfläche vergrößert wird. Diese einfache Methode ist jedoch energieintensiv.

Die Ultraschallvorbehandlung nutzt die kombinierten mechanischen sowie Kavitationseffekte hochfrequenter Schallwellen. Das Kollabieren von Kavitationsblasen in einem flüssigen Medium erzeugt intensive lokale hydrodynamische Kräfte, die die Biomasseoberflächen aufbrechen (He et al. 2017). Diese Methode

K. Ghaib, *Pyrolyse lignocellulosehaltiger Biomasse*, essentials, https://doi.org/10.1007/978-3-658-51114-2_3

erhöht die Reaktionsgeschwindigkeiten und -selektivität unter milden Bedingungen und mit relativ geringem Energieeinsatz im Vergleich zu anderen Vorbehandlungsstrategien.

Die Mikrowellenvorbehandlung nutzt die Eigenschaften von Mikrowellenstrahlung. Die innere Feuchtigkeit in der Biomasse verdampft unter Mikrowelleneinwirkung schnell und erzeugt einen Dampfdruck, der die Biomassematrix physikalisch aufbricht. Gleichzeitig erleichtert die Mikrowellenenergie die Depolymerisation und die strukturelle Modifikation von Cellulose, Hemicellulose und Lignin, wodurch ihre Reaktivität im nachgelagerten Pyrolyseprozess verbessert wird. Im Vergleich zu konventionellem Erhitzen bietet die Mikrowellenvorbehandlung eine schnellere, gleichmäßigere Erwärmung bei geringerem Energieverbrauch. Sie ist auch umweltfreundlicher als chemische Methoden, da sie den Reagenzieneinsatz minimiert und die nachgelagerte Aufbereitung vereinfacht.

3.2 Chemische Vorbehandlung

Chemische Vorbehandlungsmethoden sind die am weitesten verbreiteten Ansätze in der Biomassevorbehandlung und bieten eine breite Auswahl an Reagenzien, die auf spezifische Ziele zugeschnitten sind. Diese Verfahren können die für den thermischen Abbau erforderliche Temperatur senken und die Zusammensetzung des gewonnenen Bioöls gezielt beeinflussen.

Unter den Reagenzien sind alkalische Lösungen – insbesondere unter Verwendung von Natriumhydroxid (NaOH) und Calciumhydroxid ($Ca(OH)_2$) – häufig im Einsatz. Alkalische Lösungen zerstören effektiv Alkyl-Aryl-Ether-Bindungen in lignocellulosehaltigen Materialien (Chen et al. 2013), wobei sich NaOH durch eine außergewöhnliche Effizienz bei der Ligninentfernung auszeichnet. Die resultierende entlignifizierte Biomasse weist eine erhöhte Porosität und Oberfläche auf, was die Effizienz des nachgelagertes Pyrolyseprozesses erheblich steigert (Huang et al. 2019a).

Im Vergleich dazu üben saure Vorbehandlungen (z. B. mit Phosphor-, Schwefel- oder Salzsäure) einen stärkeren Einfluss auf den Abbau der Kohlenhydratfraktion (Hemicellulose und Cellulose) aus, indem sie vorrangig glykosidische Bindungen hydrolysieren (Sahoo et al. 2018). Die Wirksamkeit der Säurevorbehandlung hängt von mehreren Parametern ab, darunter Säuretyp, Konzentration, Temperatur und Reaktionszeit. Die Vorbehandlung mit konzentrierten Säuren maximiert die Zuckerausbeute durch eine zweistufige Hydrolyse: Zunächst wird Hemicellulose in reduzierende Zucker umgewandelt, während Cellulose in Cello-Oligosaccharide aufgespalten wird, die anschließend hydrolysiert werden, um weitere

Monosaccharide freizusetzen (Solarte-Toro et al. 2019). Trotz der hohen Ausbeute ist dieses Verfahren mit erheblichen Nachteilen verbunden: Konzentrierte Säuren sind hochkorrosiv, erfordern spezielle (und teure) Reaktormaterialien und erhöhen so die Prozesskosten deutlich. Die Vorbehandlung mit verdünnten Säuren stellt hier eine betrieblich praktikablere und wirtschaftlichere Alternative dar, deren Effektivität in zahlreichen Studien belegt ist (Chen et al. 2016; Lee et al. 2015; Zhang et al. 2021).

Neben den generellen Nachteilen wie Korrosivität und potenzieller Umweltbelastung bergen sowohl alkalische als auch saure Methoden ein weiteres Risiko: Sie können zu einer unerwünschten Entmineralisierung des Biomassematerials führen. Natürlich in der Biomasse enthaltene Mineralien (z. B. Kalium, Calcium) wirken während der Pyrolyse oft als Katalysatoren für kohlebildende Reaktionen und können die Bioölqualität positiv beeinflussen. So ist bekannt, dass Kalium aus der Biomasseasche die Qualität des Bioöls verbessern kann (Safar et al. 2019). Ein übermäßiger Auswaschungseffekt durch die Vorbehandlung kann diesen vorteilhaften katalytischen Effekt mindern.

3.3 Physikochemische Verfahren

Die Dampfexplosion ist ein hydrothermales Vorbehandlungsverfahren, bei dem aufbereitete Biomasse in einem geschlossenen Reaktor gesättigtem Dampf bei erhöhten Temperaturen (160–260 °C) und Drücken (1–5 MPa) ausgesetzt wird. Die Biomasse wird für eine definierte Verweilzeit unter diesen Bedingungen gehalten, wodurch kombinierte thermische und mechanische Effekte physikochemische Umwandlungen bewirken (Meneses et al. 2020). Am Ende dieses Zeitraums löst eine rasche Druckentlastung – durch plötzliches Freisetzen des Drucks – eine explosive Ausdehnung des in der Biomassestruktur eingeschlossenen Dampfes aus. Dieser abrupte Druckabfall zerstört Zellwände durch mechanische Scherkräfte und Delaminierung, was die Porosität und die spezifische Oberfläche deutlich erhöht. Diese physikalischen Veränderungen schaffen ein besser zugängliches Substrat und senken die Starttemperatur für den nachfolgenden Pyrolyseprozess (Biswas et al. 2011). Obwohl die Dampfexplosion bemerkenswerte Vorteile bietet – darunter Umweltverträglichkeit und hohe Hydrolyseeffizienz – erfordert sie eine spezielle Hochdruckausrüstung und verursacht erhebliche Investitionskosten, was die großtechnische kommerzielle Umsetzung erschwert (Huang et al. 2019b).

Der Ammoniakfaserausdehnungsprozess (AFEX: "ammonia fiber expansion") nutzt typischerweise Ammonium-zu-Trockenbiomasse-Massenverhältnisse von 1:1 bis 2:1 unter moderaten thermochemischen Bedingungen (60–120 °C, 3 MPa)

(Sendich et al. 2008). Diese Vorbehandlung zerstört Lignin-Kohlenhydrat-Komplexe, depolymerisiert teilweise Lignin und Hemicellulose und reduziert die Kristallinität der Cellulose, wodurch die allgemeine Zugänglichkeit der lignocellulosehaltigen Biomasse verbessert und die primäre Zersetzungstemperatur gesenkt wird. Ein wesentlicher Vorteil ist die Möglichkeit, Ammoniak zurückzugewinnen und zu recyceln, was zur Nachhaltigkeit und geringen Umweltbelastung des Prozesses beiträgt.

3.4   Torrefizierung

Die Torrefizierung ist ein thermochemisches Vorbehandlungsverfahren, das bei 200–350 °C in einer sauerstoffarmen Atmosphäre durchgeführt wird, um oxidativen Abbau zu verhindern. Der Prozess führt zur vollständigen Eliminierung von freiem Wasser und zum teilweisen Abbau der Biomasse, der zu einer Reduktion des Sauerstoffgehalts führt, wodurch das atomare O/C-Verhältnis gesenkt wird. Es entsteht ein stabiler, energiereicher fester Brennstoff, der als torrefizierte Biomasse bezeichnet wird (Dimitrakellis et al. 2022). Die Torrefizierung verbessert die Handhabungseigenschaften der Biomasse erheblich, stellt jedoch ein energieintensives Verfahren dar.

Während der Torrefizierung werden Cellulose und Hemicellulose in der Biomasse abgebaut, wobei ein Rückstand entsteht, der hauptsächlich aus Lignin besteht (Wang und Howard 2017; Weerachanchai et al. 2007). Diese Zusammensetzungsänderung hat direkte Auswirkungen auf die Pyrolyse. Bei der Pyrolyse torrefizierter Biomasse wird zwar die Bioölausbeute verringert, gleichzeitig jedoch die Qualität des Öls verbessert, indem der Heizwert erhöht und der Säuregehalt gesenkt wird (Boateng und Mullen 2013; D. Chen et al. 2014). Bioöl aus torrefizierter Biomasse weist im Vergleich zu Öl aus Rohbiomasse ein deutlich verändertes chemisches Profil auf: Es enthält höhere Konzentrationen an Phenolen und Zuckern sowie geringere Mengen an Guajakolen und Furanen (Konsomboon et al. 2019; Ren et al. 2013).

Dieses Verständnis darüber, wie Torrefizierung die Bioölqualität beeinflusst, hat direkt zur Entwicklung fortschrittlicher, temperaturprogrammierter Pyrolyseanlagen beigetragen. Solche Systeme arbeiten in einem definierten Temperaturbereich, um Produktfraktionen mit konsistenten Eigenschaften zu gewinnen. So wird beispielsweise genutzt, dass Cellulose und Hemicellulose bereits bei niedrigeren Temperaturen (200–300 °C) abgebaut werden und Produkte wie Säuren, Aldehyde und Furane entstehen, während in einem höheren Temperaturbereich (350–550 °C) eine wünschenswertere Palette an Chemikalien wie Styrol, Phenole sowie Benzol, Toluol und Xylol (BTX) erzeugt wird (Sophonrat et al. 2018).

Pyrolyse

4

Pyrolyse ist ein thermochemischer Prozess, der organische Biomasse bei Temperaturen zwischen 200 und 800 °C in einer sauerstofffreien Umgebung zersetzt. Sie verläuft typischerweise in zwei Stufen: der primären Pyrolyse, durch die bei niedrigeren Temperaturen flüchtige Verbindungen freigesetzt werden, gefolgt von der sekundären Pyrolyse, bei der diese flüchtigen Verbindungen Crackreaktionen durchlaufen und fester Koks gebildet wird. Der Einsatzstoff wird in drei Produkte umgewandelt: Biokohle, einen festen Stoff, der unter anderem den Boden verbessert und Kohlenstoff speichert (Xu et al. 2022), Bioöl, eine Flüssigkeit, die zu Kraftstoffen oder Chemikalien aufgewertet wird, und Synthesegas, ein Gasgemisch, das unter anderem für Stromerzeugung und Heizung genutzt wird. Biokohle ermöglicht eine langfristige Kohlenstoffsequestrierung durch die Pyrolyse von Biomasse, was zu einer Nettoreduktion von atmosphärischem Kohlendioxid führt. Der Grund dafür ist, dass die Menge an CO_2, die bei der Nutzung der Pyrolyseprodukte freigesetzt wird, deutlich geringer ist als die Menge, die die Biomasse während ihres Wachstums aus der Atmosphäre aufgenommen hat.

4.1 Mechanismus der Pyrolyse

Der Mechanismus der Pyrolyse lignocellulosehaltiger Biomasse umfasst zahlreiche aufeinanderfolgende Schritte. Der Prozess beginnt, indem die primären Biomassenkomponenten thermisch in einfachere Moleküle zerfallen. Diese Primärprodukte durchlaufen dann weitere Reaktionen – einschließlich Depolymerisation, Dehydratisierung und Deoxygenierung (Decarbonylierung und Decarboxylierung), gefolgt von Oligomerisierung.

© Der/die Autor(en), exklusiv lizenziert an Springer Fachmedien Wiesbaden GmbH, ein Teil von Springer Nature 2026
K. Ghaib, *Pyrolyse lignocellulosehaltiger Biomasse*, essentials,
https://doi.org/10.1007/978-3-658-51114-2_4

Cellulose als Hauptbestandteil lignocellulosehaltiger Biomasse unterzieht sich unterhalb von 300 °C einer anfänglichen Depolymerisation, die Oligosaccharide liefert. Wenn die Temperatur auf etwa 400 °C ansteigt, zersetzen sich diese Oligosaccharide weiter zu Anhydromonosacchariden, wobei Levoglucosan typischerweise das dominante Primärprodukt ist. Levoglucosan kann anschließend Dehydratisierung und Isomerisierung durchlaufen, um Verbindungen wie 1,4:3,6-Dianhydro-α-D-glucopyranose, Levoglucosenon und 1,6-Anhydro-β-D-glucofuranose zu bilden. Im Bereich von 300–400 °C erzeugen parallele Reaktionswege auch leichte Oxigenate, darunter Furanderivate, Formaldehyd, Acrolein, Hydroxyacetaldehyd, Glyoxal, Ameisensäure, Essigsäure, Hydroxyaceton, Glycolaldehyd und Glycerinaldehyd. Oberhalb von 400 °C dominieren Sekundärreaktionen. Anhydrosaccharide und Monosaccharide werden hauptsächlich durch Cyclisierungs- und Dehydratisierungsreaktionen neben Isomerisierung in Furane umgewandelt. Nachfolgende Reaktionen von Furanen und anderen Zwischenprodukten wie Decarboxylierung und Decarbonylierung modifizieren die Produktverteilung weiter. Fragmentierung, Retroaldolkondensation und Isomerisierung von Zuckerzwischenprodukten liefern ebenfalls zusätzliche leichte Aldehyde und Ketone (Dhyani und Bhaskar 2019; Hassan et al. 2020). Unter diesen Hochtemperaturbedingungen können Furanderivate weiter zu einfacheren oxygenierten Spezies abgebaut werden (Hassan et al. 2020). Während des gesamten Prozesses werden CO und CO_2 als gasförmige Nebenprodukte von Decarbonylierungs- und Decarboxylierungsreaktionen freigesetzt, während die Polymerisation reaktiver Zwischenprodukte zur Bildung fester Biokohle beiträgt (Dhyani und Bhaskar 2019).

Im Vergleich zu Cellulose zeigt Hemicellulose eine geringere thermische Stabilität (Yang et al. 2007). Die spezifische Struktur der Hemicellulose spielt eine entscheidende Rolle für die Art ihrer Pyrolyseprodukte. Nadelholz-Hemicellulose besteht hauptsächlich aus Hexosezuckern, während Laubholz-Hemicellulose reich an Pentosen ist (Liu et al. 2023). Diese Zusammensetzungsunterschiede führen zu unterschiedlichem pyrolytischem Verhalten: Nadelholz-Hemicellulose liefert bei der Pyrolyse primär 5-Hydroxymethylfurfural, während Laubholz-Hemicellulose typischerweise Furfural produziert (Räisänen et al. 2003; Wang et al. 2015b). Unabhängig von der Zuckerzusammensetzung zersetzt sich Hemicellulose allgemein im Temperaturbereich von 200–350 °C (Dhyani und Bhaskar 2019). Bei niedrigeren Pyrolysetemperaturen (um 250 °C) werden gasförmige Produkte wie CO_2, CO und H_2O freigesetzt. Wenn die Temperatur auf 350–450 °C steigt, werden Dehydratisierungsprodukte – darunter Furfural, Hydroxypyranose und Dihydroxypyranose – bedeutender (Patwardhan et al. 2011). Bei etwa 450 °C verschieben sich die dominierenden Produkte zu Glycolaldehyd, Aceton und Furfural (Werner et al.

2014). Bei noch höheren Temperaturen ($\approx$ 600 °C) ist die Flüssigfraktion angereichert mit Essigsäure, Furfural, Ameisensäure und 5-Hydroxymethylfurfural (Wang et al. 2013). Die Hemicellulosepyrolyse umfasst komplexe Reaktionsnetzwerke (Liu et al. 2023). Patwardhan et al. (2011) schlugen einen mechanistischen Rahmen für den Hemicelluloseabbau vor, der drei primäre konkurrierende Wege umfasst:

- Depolymerisation zu monomeren Zuckern und Anhydrosacchariden,
- Dehydratisierung, die zu furan- und pyranbasierten Derivaten führt, und
- Ringfragmentierung, die niedermolekulare oxygenierte Verbindungen liefert.

Zusätzlich schlugen sie vor, dass die Biokohlebildung über Transglykosylierungsreaktionen verläuft, bei denen ein Xylosylkation mit anderen Xylosyleinheiten reagiert, um verlängerte Ketten zu bilden, die sich anschließend dehydratisieren, um Biokohle zu produzieren.

Die robuste Struktur von Lignin verleiht ihm eine hohe thermische Stabilität, macht es resistent gegen Zersetzung bei niedrigeren Temperaturen und führt zu einem deutlich komplexeren Pyrolyseverhalten gegenüber Cellulose oder Hemicellulose (Dhyani und Bhaskar 2019). Unterhalb von 200 °C durchläuft Lignin eine Erweichungsphase – oft als Glasübergang identifiziert – während der es sich allmählich in verschiedene flüssige Zwischenprodukte umwandelt (Shrestha et al. 2017). Wenn die Temperatur auf 200–350 °C ansteigt, beginnen sich diese Zwischenprodukte zu depolymerisieren und setzen aromatische Alkohole frei, die als Monolignole bekannt sind, einschließlich Coniferyl-, Sinapyl- und p-Cumarylalkohol. Weitere Spaltung von C = O- und C = C-Bindungen innerhalb dieser Monolignole führt zu methoxylierten phenolischen Verbindungen, wobei 2-Methoxy-4-vinylphenol ein bemerkenswertes Beispiel ist (Ren et al. 2012). Bei Erhitzung über 350 bis etwa 500 °C unterliegen Methoxyphenole sekundären Transformationen wie Dealkylierung und Demethoxylierung, wodurch einfachere Phenole wie Alkylphenole und Phenol entstehen (He et al. 2015; Kawamoto 2017). Ab noch höheren Temperaturen (> 500 °C) tritt ein weiterer Abbauschritt auf, der leichte aliphatische Verbindungen, einschließlich Methanol, produziert (Ansari et al. 2019).

4.2   Arten der Pyrolyse

Angesichts der chemischen Komplexität von Biomasse umfasst die Pyrolyse zahlreiche parallele und aufeinanderfolgende Reaktionen, die mehr als 100 verschiedene Verbindungen liefern. Die Verteilung und die Eigenschaften der Endprodukte werden stark von Betriebsparametern beeinflusst. Abhängig von der Pyrolysetemperatur, Aufheizrate und Verweilzeit kann die Pyrolyse in drei Haupttypen kategorisiert werden: langsame, schnelle und Blitzpyrolyse.

Langsame Pyrolyse ist definiert durch eine niedrige Aufheizrate und eine verlängerte Verweilzeit. Bei diesem Prozess wird Biomasse typischerweise auf Temperaturen im Bereich von 400–500 °C mit einer Rate von etwa 0,1–1 °C/s erhitzt, bei einer relativen langen Verweilzeit. Diese Bedingungen begünstigen die Koksproduktion gegenüber anderen Pyrolyseprodukten. Die Kombination aus einer reduzierten Aufheizrate und einer verlängerten Dampfverweilzeit schafft eine Umgebung, die die Vollendung sekundärer Reaktionen begünstigt. Dieser Prozess wird oft als Karbonisierung bezeichnet.

Schnelle Pyrolyse zeichnet sich durch das schnelle Erhitzen von Biomasse mit einer hohen Aufheizrate von 100–300 °C/s aus und wird mit einer sehr kurzen Dampfverweilzeit von < 2 s charakterisiert. Dieser Prozess ist primär auf die Bioölproduktion optimiert, da er deutlich mehr Flüssigkeit als Koks oder Gas liefert. Das Kernprinzip der schnellen Pyrolyse ist es, die Biomassetemperatur schnell auf einen Bereich anzuheben, in dem thermisches Cracken effizient auftritt, während die Zeit, die die Dämpfe bei erhöhten Temperaturen verbringen, minimiert wird – wodurch sekundäre koksbildende Reaktionen unterdrückt werden (Mohan et al. 2006). Es entsteht ein komplexes Bioölgemisch, das Furane, Phenole, Carbonsäuren, Alkohole, Aldehyde, Ketone, Ester, Ether, Zucker und Kohlenwasserstoffe enthält (Eschenbacher et al. 2021; Hertzog et al. 2022; Liu et al. 2014), mit berichteten pH-Werten von 3,1 (Pattiya und Suttibak 2012) und 3,11–3,59 (Paenpong et al. 2013). Dies führt zu mehreren unerwünschten Eigenschaften: Korrosivität, hohe Viskosität, schlechte Stabilität und ein niedriger Heizwert aufgrund des hohen Sauerstoff- und Wassergehalts (Lu et al. 2011). Sein oberer Heizwert beträgt etwa die Hälfte von dem von Rohöl.

Blitzpyrolyse kann als eine fortschrittliche und verfeinerte Variante der schnellen Pyrolyse betrachtet werden. Sie verwendet extrem schnelle Aufheizraten – typischerweise in der Größenordnung von 1000 °C/s oder sogar höher – um Biomasse auf Zersetzungstemperaturen zwischen 900 und 1200 °C zu bringen. Der auf den Einsatzstoff ausgeübte thermische Impuls ist außergewöhnlich kurz und dauert nur 0,1–1 s (Demirbas und Arin 2002; Li et al. 2013). In diesem Prozess wird die Produktverteilung stark vom Zusammenspiel von Wärme- und Stofftransport, chemischer Reaktionskinetik und dem Phasenübergangsverhalten beeinflusst. Die Kombination aus ultraschneller Aufheizung, hohen Temperaturen und minimaler Dampfverweilzeit maximiert die Bioölausbeute, während die Biokohlebildung signifikant unterdrückt wird. Die Skalierung der Blitzpyrolyse auf industrielles Niveau stellt jedoch eine große ingenieurtechnische Herausforderung dar:

den Entwurf eines Reaktors, der in der Lage ist, Biomasse solch extremen Aufheizraten für eine so kurze Dauer auszusetzen, während gleichmäßige und kontrollierte Verarbeitung sichergestellt wird.

Schnelle und Blitzpyrolyse werden primär eingesetzt, um die Bioölproduktion zu maximieren. Im Gegensatz dazu werden höhere Gasausbeuten bei erhöhten Temperaturen in Kombination mit längeren Gasverweilzeiten erreicht. Innerhalb des Pyrolyseprozesses wird typischerweise ein optimales Gleichgewicht zwischen Gas, flüssigem Bioöl und fester Biokohle bei mittleren Temperaturen von 600–700 °C und einer relativ niedrigen Aufheizrate von etwa 10 °C/min erreicht (Y. Chen et al. 2014).

4.3   Pyrolyseprodukte

Menge und Eigenschaften der Pyrolyseprodukte hängen signifikant sowohl von den Betriebsbedingungen des Pyrolyseprozesses als auch von der Art des Einsatzstoffes ab.

Biokohle ist ein poröses, kohlenstoffhaltiges Material. Ihre Anwendungen erstrecken sich unter anderem auf die Verbesserung der Bodenwasserrückhaltung, die Ermöglichung von Kohlenstoffsequestrierung und die Reduzierung von Wasserverschmutzung durch Adsorption von Schadstoffen (Day et al. 2005; Imam und Capareda 2012). Aktuelle Studien haben gezeigt, dass die Biokohleausbeute von einer Reihe von Faktoren beeinflusst wird, darunter Einsatzstoffeigenschaften (z. B. Biomassetyp, Feuchtegehalt und Partikelgröße), Reaktionsbedingungen (wie Temperatur, Verweilzeit und Aufheizrate), die Umgebung (z. B. Trägergastyp und Durchflussrate) und andere Variablen wie Katalysatoreinsatz und Reaktordesign (Mohanty et al. 2013; Thangalazhy-Gopakumar et al. 2015). Darüber hinaus sind die physikochemischen Eigenschaften der resultierenden Biokohle – wie Oberfläche, Porosität und Kohlenstoffgehalt – ebenfalls hochsensibel gegenüber diesen Prozessbedingungen (Ateş et al. 2004; Biswas et al. 2013, 2014; Demirbas 2004b; J. González et al. 2005; Pütün et al. 2004; Pütün et al. 2005). Folglich ist die Optimierung von Pyrolyseparametern essenziell, um die Biokohleausbeute zu maximieren und gleichzeitig ihre Eigenschaften für spezifische Anwendungen maßzuschneidern.

Bioöl ist eine dunkelbraune, komplexe Mischung oxygenierter Kohlenwasserstoffe. Seine physikalischen Eigenschaften – wie Viskosität, Dichte, Erscheinungsbild und Mischbarkeit – werden stark von Pyrolyseparametern und Einsatzstoffzusammensetzung beeinflusst (Hornung et al. 2011). Bioöl bietet Vorteile gegenüber fossilen Brennstoffen, insbesondere die Erneuerbarkeit sowie geringere

Emissionen von NO_x und SO_x aus dessen Verbrennung. Sein hoher Wassergehalt, erhöhte Viskosität, schlechte Zündqualität, Korrosivität und chemische Instabilität – resultierend aus reaktiven sauerstoffhaltigen Verbindungen – erfordern jedoch eine Aufwertung, bevor es effektiv als Kraftstoff genutzt werden kann (Oasmaa und Czernik 1999). Die Zusammensetzung des resultierenden Bioöls hängt stark von den Prozessbedingungen ab.

Synthesegas, ein gasförmiges Co-Produkt, das hauptsächlich aus CO, CO_2, H_2 und CH_4 besteht, ist vielversprechend im Energiesektor. Aufgrund seines niedrigen Schwefelgehalts kann es zu saubereren Kraftstoffen aufgewertet oder direkt in Gasturbinen zur Stromerzeugung verbrannt werden (Imam und Capareda 2012).

Neben den Hauptprodukten Biokohle, Bioöl und Synthesegas entsteht bei der Pyrolyse von lignocellulosehaltiger Biomasse auch Teer. Dieses häufig unerwünschte Nebenprodukt ist eine hochviskose Flüssigkeit, die reich an polycyclischen aromatischen Kohlenwasserstoffen (PAK) ist. Die primären Elemente im organischen Anteil des Teers sind Kohlenstoff, Wasserstoff und – in geringerem Maße als bei Pyrolyseöl – Sauerstoff. Zudem enthält es Spuren von Stickstoff und Schwefel aus der Biomasse. Obwohl Teer Umwelt- und Betriebsprobleme aufwirft, kann er weiter durch thermisches Cracken zu einem saubereren Gas verarbeitet werden, das als Einsatzstoff für Verbrennungsmotoren geeignet ist (Fagbemi et al. 2001).

4.4 Einfluss der Betriebsparameter

Reaktionsbedingungen spielen eine entscheidende Rolle bei der Pyrolyse. Die Produktausbeute wird stark von Prozessparametern beeinflusst – wie Temperatur, Druck, Verweilzeit und Einsatzstoffpartikelgröße, unter anderem. Diese Betriebsbedingungen bestimmen nicht nur die Ausbeuten, sondern beeinflussen auch signifikant die Qualität aller Pyrolyseprodukte.

4.4.1 Verweilzeit

Die Verweilzeit – insbesondere die Dampfverweilzeit – ist ein kritischer Faktor im Pyrolyseprozess. Höhere Biokohleausbeuten werden allgemein unter Bedingungen niedrigerer Temperatur in Kombination mit längeren Dampfverweilzeiten begünstigt (Encinar et al. 1996). Verlängerte Verweilzeiten ermöglichen ausreichend Zeit für Repolymerisationsreaktionen flüchtiger Biomassenkomponenten, was zu erhöhter Biokohlebildung beiträgt. Umgekehrt können kürzere Verweilzeiten die

Vollendung dieser Reaktionen verhindern (Park et al. 2008). Zusätzlich können längere Verweilzeiten die Entwicklung sowohl der Mikro- als auch der Makroporosität der Biokohle fördern, wobei Berichte auf eine Zunahme der Porengröße unter verlängerter Exposition hinweisen (Tsai et al. 1997).

4.4.2 Partikelgröße

Die Partikelgröße ist ein kritischer Parameter im Pyrolyseprozess, da sie die Wärmeübertragungsdynamik innerhalb des Biomasseneinsatzstoffs direkt beeinflusst. Größere Partikel vergrößern die Distanz zwischen der äußeren Oberfläche und dem Kern der Biomasse, was die Rate verlangsamt, mit der Wärme vom heißen Äußeren zum kühleren Inneren vordringt. Dies resultiert in einem steileren internen Temperaturgradienten, der allgemein höhere Biokohleausbeuten begünstigt (Encinar et al. 2000). Darüber hinaus müssen bei größeren Partikeln während der thermischen Zersetzung erzeugte flüchtige Verbindungen einen längeren Weg durch die sich bildende Biokohleschicht zurücklegen, bevor sie entweichen. Diese verlängerte Verweildauer innerhalb der heißen Biokohlematrix fördert Sekundärreaktionen – wie Repolymerisation und Cracken –, die zur Bildung eines zusätzlichen festen Rückstands und somit zu einer erhöhten Biokohleausbeute führen können (Ateş et al. 2004; Choi et al. 2012; Demirbas 2004c; Mani et al. 2010; Zhang et al. 2009).

4.4.3 Aufheizrate

Die Aufheizrate beeinflusst die Pyrolyse von Biomasse signifikant, da sie den thermischen Zersetzungsweg steuert und dadurch die Zusammensetzung und Verteilung der Endprodukte beeinflusst. Bei niedrigen Aufheizraten verhindert die Wärmezufuhr eine extensive thermische Zersetzung der Biomasse und begünstigt höhere Biokohleausbeuten. Umgekehrt fördern hohe Aufheizraten die schnelle Fragmentierung von Biomassenstrukturen, steigern die Produktion gasförmiger und flüssiger Produkte und unterdrücken die Biokohlebildung (Angın 2013; Aysu und Küçük 2014; Demirbas 2004a; Şensöz und Angın 2008).

Erhöhte Aufheizraten tendieren dazu, die Depolymerisation von Biomasse in primäre flüchtige Spezies zu beschleunigen, was anschließend die Biokohlebildung reduziert. Unter diesen Bedingungen werden Sekundärpyrolysereaktionen in der Gasphase vorherrschender, was weiter zur Erzeugung gasförmiger Produkte beiträgt. Der Einfluss der Aufheizrate auf die Biokohleausbeute ist besonders bei niedrigeren Pyrolysetemperaturen ausgeprägt (Ateş et al. 2004; Ayllón et al. 2006).

4.4.4 Temperatur

Höhere Temperaturen fördern das thermische Cracken schwerer Kohlenwasserstoffe und begünstigen die Bildung flüssiger und gasförmiger Produkte auf Kosten fester Biokohle (Ateş et al. 2004; Choi et al. 2012; Pütün et al. 1999). Bei erhöhten Temperaturen unterliegt die während der primären Pyrolyse initial gebildete Biokohle Sekundärreaktionen und zerfällt weiter in flüchtige Verbindungen, wodurch Gas- und Flüssigkeitsausbeuten erhöht und der feste Rückstand verringert werden. Im Gegensatz dazu sind niedrigere Pyrolysetemperaturen günstiger für die Maximierung der Biokohleproduktion, da sie eine übermäßige Energiezufuhr begrenzen, die die Bindungsdissoziationsenergie von Biomassenkomponenten überschreitet. Diese Zurückhaltung hilft, mehr der festen kohlenstoffhaltigen Struktur zu bewahren, während höhere Temperaturen die Freisetzung von flüchtigen Bestandteilen als Gase erleichtern und die Biokohlebildung reduzieren. Obwohl zahlreiche Studien den Einfluss der Temperatur auf die Biokohleausbeute untersucht haben, bleibt die Identifizierung einer optimalen Temperatur für die maximale Biokohleproduktion herausfordernd. Die ideale Pyrolysetemperatur hängt stark von den spezifischen Eigenschaften des Einsatzstoffs ab – einschließlich seiner chemischen Zusammensetzung, strukturellen Eigenschaften und des Biomassetyps –, was eine universelle Optimierung schwierig macht.

4.4.5 Druck

Über die Jahre hat die Forschung zur Pyrolyse gezeigt, dass der Reaktordruck die Produktverteilung signifikant beeinflusst. Die Durchführung der Pyrolyse unter Drücken über dem Umgebungsdruck hat sich als Methode erwiesen, um die feste Biokohleausbeute zu erhöhen. Erhöhter Druck verlängert die Verweilzeit flüchtiger Spezies innerhalb des Reaktors und fördert Sekundärreaktionen – wie die Zersetzung von Dämpfen auf der kohlenstoffhaltigen Oberfläche –, die zur Bildung zusätzlicher Biokohle beitragen (Antal Jr et al. 2000). Hoher Druck erhöht nicht nur die Biokohlemenge, sondern verbessert auch ihre Qualität. Pyrolyse unter erhöhtem Druck führt zu einem höheren Kohlenstoffgehalt in der resultierenden Biokohle, wodurch ihre Energiedichte verbessert wird (Antal und Grønli 2003).

Co-Pyrolyse von lignocellulosehaltiger Biomasse und Kunststoffabfällen

5

Biomasserohstoffe weisen einen hohen Sauerstoffgehalt und ein niedriges Wasserstoff-Kohlenstoff-Verhältnis auf. Das aus ihrer Pyrolyse gewonnene Bioöl enthält einen erheblichen Anteil an sauerstoffhaltigen Verbindungen, hat einen hohen Wassergehalt, einen niedrigen Heizwert und ist korrosiv.

Aktuelle Methoden zur Aufwertung von Bioöl wie katalytische Pyrolyse, Dampfreformierung, Molekulardestillation, Veresterung und Hydrodeoxygenierung zielen darauf ab, dessen Qualität zu verbessern (Kariim et al. 2023; Mostafa et al. 2024; Muniyappan et al. 2023; Ryu et al. 2020). Die breite Entwicklung und Anwendung dieser Techniken wird jedoch erheblich durch ihre hohen Kosten eingeschränkt.

Die Co-Pyrolyse mit Kunststoffen ist eine vielversprechende Lösung, um die Kosten für die Aufwertung von Bioöl zu senken. Kunststoffe bestehen hauptsächlich aus Kohlenwasserstoffen mit einem hohen Wasserstoffgehalt und können als Wasserstoffdonor für Biomasse dienen (Uzoejinwa et al. 2018).

5.1 Kunststoffe

Der Nutzen von Kunststoffen, getrieben durch ihre Praktikabilität, niedrige Kosten und Vielseitigkeit, hat sie in Bereichen von Lebensmitteln und Landwirtschaft bis hin zu Medizin und Luft- und Raumfahrt unverzichtbar gemacht (Cheng et al. 2024; Seah et al. 2023).

Kunststoffe sind synthetische, langkettige Kohlenstoffpolymere, die aus Monomeren durch Additionspolymerisation oder Polykondensation hergestellt werden. Ihre spezifischen Eigenschaften werden durch Variationen in der

K. Ghaib, *Pyrolyse lignocellulosehaltiger Biomasse*, essentials, https://doi.org/10.1007/978-3-658-51114-2_5

23

Monomerzusammensetzung und chemischen Struktur bestimmt. Aus molekularer Sicht besteht eine grundlegende Klassifizierung zwischen linearen und vernetzten Strukturen. Kunststoffe mit linearen Strukturen, bekannt als Thermoplaste, zeichnen sich dadurch aus, dass sie beim Erhitzen schmelzen und beim Abkühlen wieder erstarren, was sie recycelbar macht; Beispiele sind Polyethylen (PE) – das weiter in Hochdichtepolyethylen (HDPE), Niederdichtepolyethylen (LDPE) und lineares Niederdichtepolyethylen (LLDPE) kategorisiert wird (Aghamiri und Lahijani 2024) – Polyvinylchlorid (PVC) und Polypropylen (PP). Im Gegensatz dazu weisen Kunststoffe mit vernetzten oder dreidimensionalen Netzwerkstrukturen duroplastische Eigenschaften auf. Ihre Form verhindert ein Schmelzen, was ihnen eine hohe Hitzebeständigkeit verleiht, bis sie sich bei anhaltender Erhitzung letztlich zersetzen, ohne dabei schmelzende Zwischenprodukte wie Öle oder Monomere zu bilden. Stattdessen entstehen meist Koks, brennbare Gase und Teer. Wegen der geringen Ölausbeute werden Duroplaste kaum in der Co-Pyrolyse mit Biomasse eingesetzt.

Chemisch gesehen bestehen Kunststoffe hauptsächlich aus Kohlenstoff und Wasserstoff, was zu einem hohen Gehalt an flüchtigen Bestandteilen führt, der für die Herstellung flüssiger Brennstoffe während der Pyrolyse vorteilhaft ist. Für die Pyrolyse benötigen Abfallkunststoffe hohe Temperaturen (400–600 °C), aber ihre schlechte Wärmeübertragung und hohe Schmelzviskosität machen sie anfällig für Verkokung (Mortezaeikia et al. 2021; Yansaneh und Zein 2022b). Der Pyrolysemechanismus selbst umfasst drei Schlüsselphasen: thermische Initiation, Kettenbruch, bei dem C-C- und C-H-Bindungen brechen, und Kettenabbruch, was letztlich zu flüssigem Öl, Gas und Koks führt (Yansaneh und Zein 2022a). Das produzierte flüssige Öl ist jedoch reich an schweren Fraktionen und muss weiter aufbereitet werden, bevor es als praktischer Brennstoffersatz dienen kann.

5.2   Co-Pyrolyse

Durch die Kombination von Biomasse und Kunststoffen wirkt der Kunststoff als Wasserstoffdonor und verbessert die Qualität des Bioöls durch Erhöhung seines effektiven Wasserstoffgehalts. Die Einführung dieses Wasserstoffs während der Co-Pyrolyse verändert den Reaktionsweg, fördert Deoxygenierungsreaktionen (Entsäuerung und Decarbonylierung) und unterdrückt die Koksbildung (Ma et al. 2024; Mishra et al. 2023; Mo et al. 2023). Diese synergetische Wechselwirkung verbessert nicht nur die Bioölqualität durch Erhöhung des Wasserstoffgehalts, sondern steigert auch die Bioölausbeute (Zulkafli et al. 2024). Darüber hinaus ist die Co-Pyrolyse ein energetisch günstigerer Prozess, da die für die getrennte Pyrolyse von

Biomasse und Kunststoffen benötigte Gesamtwärme größer ist als die, die verbraucht wird, wenn sie zusammen verarbeitet werden (Chin et al. 2014; Liew et al. 2021; Ma et al. 2024).

5.3 Mechanismus

Die Co-Pyrolyse von Biomasse und Kunststoff beinhaltet das Mischen dieser beiden Ausgangsstoffe in unterschiedlichen Verhältnissen und deren Behandlung bei hohen Temperaturen unter anaeroben Bedingungen, um hochwertige Produkte zu produzieren. Kunststoffe wirken während der Pyrolyse von Biomasse als Wasserstoffdonoren und verbessern die Qualität des resultierenden Bioöls erheblich.

Forschungsergebnisse haben gezeigt, dass der Co-Pyrolyse-Mechanismus weitgehend einem Radikalweg folgt, mit einer ausgeprägten synergetischen Wechselwirkung zwischen Biomasse und Kunststoffen während des gesamten Prozesses (Esso et al. 2022; Gin et al. 2021). Aufgrund ihrer höheren thermischen Stabilität erweichen Kunststoffe zunächst beim Erhitzen – bevor eine signifikante Biomassenpyrolyse stattfindet – und können die Biomassenoberfläche überziehen, wodurch das Entweichen flüchtiger Verbindungen reduziert wird. Gleichzeitig beschleunigen die freien Radikale aus der zersetzenden Biomasse die Depolymerisation langkettiger Kunststoffpolymere und setzen wasserstoffreiche freie Radikale frei (Ansari et al. 2021; Kumar Mishra und Mohanty 2020). Diese Wasserstoffradikale nehmen dann an den Biomassen-Pyrolyse-Reaktionen teil, unterdrücken die Bildung unerwünschter sauerstoffhaltiger Verbindungen – wie Aldehyde und Furane – und begünstigen die Produktion wertvoller aromatischer Kohlenwasserstoffe (Dong et al. 2024; Singh et al. 2023). Diese Wechselwirkung führt zu zufälligen Brüchen sowohl terminaler als auch interner Segmente der langen Kunststoffketten, erzeugt Kohlenwasserstoffradikale, wasserstoffhaltige Gruppen, reaktive Zwischenprodukte und kleine aromatische Moleküle. Der gemeinsame Pool freier Radikale aus beiden Biomassederivaten und Kunststoffen treibt weiter die Bildung aromatischer Verbindungen an.

Der Prozess der Co-Pyrolyse von Biomasse mit Kunststoff erzeugt eine Synergie, die die Bioölproduktion erheblich verbessert. Dieser kollaborative Effekt zeigt sich in drei Schlüsselergebnissen: Es wird ein größeres Volumen an flüssigem Brennstoff erzeugt, es resultiert ein höherwertiges Endprodukt und die für die Reaktion erforderliche Aktivierungsenergie wird gesenkt (Gin et al. 2021).

Temperaturprogrammierte Pyrolyse 6

Die schrittweise Pyrolyse, eine temperaturprogrammierte Technik, sammelt die Nebenprodukte jeder Temperaturstufe individuell. Diese Methode verbessert die Kontrolle über die Produktverteilung und -zusammensetzung, was zu einem homogeneren Bioöl führt (Shen 2021). Abb. 6.1 veranschaulicht den temperaturabhängigen Abbau verschiedener Biomasse- und Polymerbestandteile. Sauerstoffhaltige Verbindungen entstehen in einem Temperaturbereich von 200–350 °C, während Wasser zwischen 100 und 200 °C freigesetzt wird. Der thermische Abbau von Cellulose und Hemicellulose in diesem Fenster von 200–350 °C liefert Säuren, Aldehyde, Ketone, Furane und wasserfreie Zucker. Bei höheren Temperaturen – insbesondere 350–550 °C – umfassen die Abbauprodukte Styrol, Paraffine, Olefine, Phenole, BTX und Guajakole.

Ähnlich wie die schrittweise Pyrolyse ist auch die stufenweise Kondensation von Pyrolysedämpfen ein temperaturprogrammierter Prozess und dient als ergänzende Methode zur Homogenisierung von Pyrolysekondensaten. Bei diesem Ansatz sind mehrere Kondensatoren in Reihe angeordnet, die jeweils auf einer unterschiedlichen Temperatur gehalten werden, wodurch Bioöle entsprechend ihrer Flüchtigkeit gesammelt werden können (Álvarez-Chávez et al. 2019; Gooty 2012; Papari und Hawboldt 2018; Sui et al. 2014).

K. Ghaib, *Pyrolyse lignocellulosehaltiger Biomasse*, essentials, https://doi.org/10.1007/978-3-658-51114-2_6

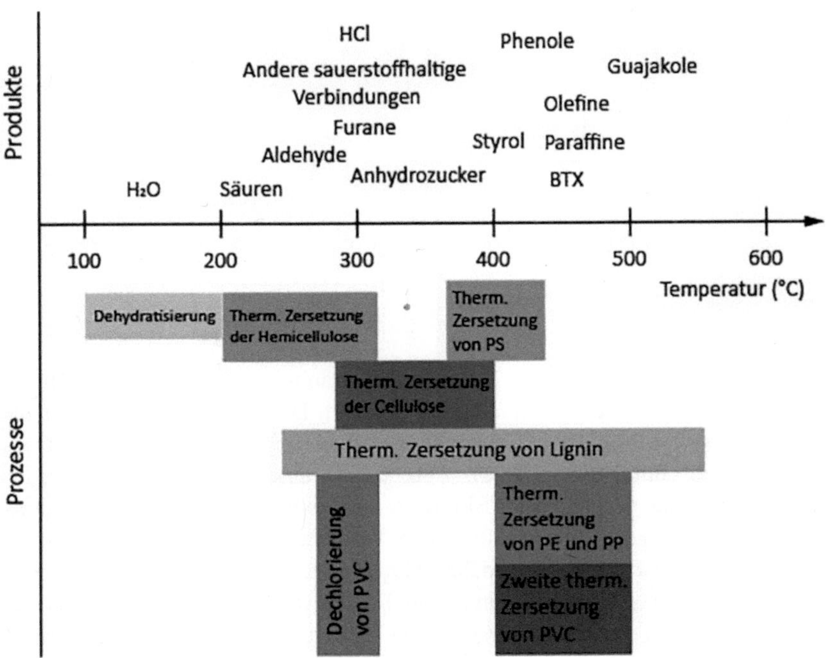

Abb. 6.1 Thermische Zersetzung verschiedener Materialien in Abhängigkeit von der Temperatur und deren Produkte (Sophonrat et al. 2018)

Heterogene Katalysatoren für die Pyrolyse

Trotz der Vielzahl an Techniken, die entwickelt wurden, um wertvolles Bioöl aus Biomasse herzustellen, enthält das resultierende Bioöl immer noch problematische Sauerstoffverbindungen.

Die Pyrolyse von lignocellulosehaltiger Biomasse kann durch den Einsatz heterogener Katalysatoren erheblich verbessert werden. Im Gegensatz zu Vorbehandlungen und Co-Pyrolyse, die die Zusammensetzung des Ausgangsmaterials verändern, nutzt die katalytische Aufwertung Sekundärprozesse wie Dehydratisierung, Decarboxylierung, Decarbonylierung und Cracken, um das Bioöl direkt zu verbessern (Lee und Juan 2017). Forschungsarbeiten belegen, dass Katalysatoren die Ausbeute, Verteilung und Zusammensetzung der Pyrolyseprodukte verändern (Olbrich et al. 2016; Zheng et al. 2017). Hochwertige Chemikalien werden infolge der Katalyse häufiger produziert (Dayton 2016; Negahdar et al. 2016). Dieser Ansatz verleiht der Pyrolyse einen deutlichen Vorteil für die Bioölaufwertung. Darüber hinaus kann die Herstellung dieses wertvollen Bioöls unter Verwendung einer Vielzahl von Biomassequellen, von niedriger bis hoher Wertigkeit, durchgeführt werden.

Pyrolysekatalysatoren werden grob in In-situ- oder Ex-situ-Katalysatoren eingeteilt. In-situ-Katalysatoren werden vor der Pyrolyse direkt mit der Biomasse vermischt, während Ex-situ-Katalysatoren in einem separaten nachgeschalteten Reaktor positioniert werden, um auf die aus der primären Pyrolysezone austretenden Dämpfe einzuwirken, nicht auf das feste Ausgangsmaterial selbst.

Häufig eingesetzte Katalysatoren umfassen siliziumbasierte Materialien, Metalloxide, biokohlebasierte Materialien und geträgerte Metalle (Cao et al. 2020; Dai et al. 2020; Grams und Ruppert 2017; Wang et al. 2022). Ihre hohe katalytische

K. Ghaib, *Pyrolyse lignocellulosehaltiger Biomasse*, essentials, https://doi.org/10.1007/978-3-658-51114-2_7

Aktivität wird mehreren Schlüsseleigenschaften zugeschrieben: einer gut entwickelten Oberfläche, einer hochdispergierten aktiven Phase, einer optimalen Porenstruktur, hydrothermaler Stabilität, Hydrophobizität und geeigneten Säure-Base-Eigenschaften (Serrano et al. 2018).

Erkenntnisse aus der Literatur deuten darauf hin, dass ZSM-5 und sein Eisenkomposit derzeit an der Spitze der hocheffektiven Katalysatoren stehen (Mohabeer 2018; Naqvi und Naqvi 2018). Diese Materialien sind jedoch nicht ohne Nachteile; die inhärente Mikroporosität von ZSM-5 stellt eine erhebliche Herausforderung dar, da sein enges Porennetzwerk die Diffusion großer Pyrolysedampfmoleküle behindert (Naqvi et al. 2015). Diese Struktur führt auch zur schnellen Verstopfung der Mikroporen, was zu vorzeitiger Katalysatordeaktivierung führt. Folglich ist eine wichtige aufkommende Chance in diesem Bereich die Synthese von mesoporösem ZSM-5 und seinen Kompositen, die besser für die Umwandlung von Biomasse in wertvolle Produkte durch katalytische Pyrolyse geeignet sind.

7.1   Siliciumdioxidbasierte Materialien

Die Zeolithe ZSM-5, Mordenit, Ferrierit, Zeolith-Y und Zeolith-β führen bei der Aufwertung von Pyrolysedämpfen zu einem Bioöl mit deutlich reduziertem Sauerstoffgehalt, niedrigerer Viskosität, höherem pH-Wert, verringerter Säure sowie einer Anreicherung an phenolischen und aromatischen Verbindungen. Sie deoxygenieren die Dämpfe effektiv, wobei ZSM-5 als der wirksamste gilt (Guda und Toghiani 2016; Mohabeer 2018; Naqvi und Naqvi 2018).

ZSM-5-Zeolith ist ein effektiver Katalysator für die Biomasseumwandlung, hauptsächlich aufgrund seiner Fähigkeit, Crack- und Deoxygenierungsreaktionen zu fördern. Sein großer innerer Porenraum und die Kombination von Brønsted- und Lewis-Säure-Zentren erleichtern die Bildung aromatischer Kohlenwasserstoffe und verbessern so die Bioölqualität. Die Form seiner Kanäle mit elliptischen und nahezu kreisförmigen Öffnungen unterstützt die Diffusion von Reaktionszwischenprodukten, was hilft, die Ausbeute an Aromaten zu erhöhen (Imran et al. 2018). Gleichzeitig werden größere Moleküle gecrackt, und Sekundärprodukte aus der Biomassevergasung aggregieren an der Zeolithoberfläche (Hu et al. 2020). Die katalytische Aufwertung führt insgesamt zu einer verringerten Bioölausbeute. Dieser Rückgang ist auf Sekundärreaktionen wie Decarboxylierung, Dehydratisierung und Decarbonylierung zurückzuführen, bei denen Sauerstoff in Form von H_2O, CO_2 und CO aus den Dämpfen entfernt wird. Dies fördert die Deoxygenierung auf Kosten der Flüssigproduktausbeute (Garba et al. 2018).

Studien, die konventionelle mikroporöse und mesoporöse ZSM-5-Katalysatoren bei der katalytischen Pyrolyse verglichen, zeigten, dass die mikroporösen ZSM-5-Zeolithe weniger organisches Bioöl als ihre mesoporösen Gegenstücke erbrachten, während sie insgesamt höhere Mengen an Wasser, Koks und nicht kondensierbaren Gasen erzeugten. Dieses Verhalten wird auf eine langsame intrakristalline Diffusion zurückgeführt, die durch die enge Porengröße und Koksansammlung im Porennetzwerk verursacht wird (Khan et al. 2019). Sobald Koksablagerungen die Poren blockieren, wird die katalytische Aktivität aufgrund des eingeschränkten Zugangs zu aktiven Zentren deutlich reduziert. Zudem wurde berichtet, dass ein konventioneller mikroporöser ZSM-5-Zeolith eine höhere Selektivität für Mono-aromaten aufweist, während die mesoporöse Variante eine bemerkenswerte Selektivität für Alkylphenole zeigt (Jia et al. 2017). Dieser Unterschied in der Produktselektivität wird dem molekularen Siebeffekt zugeschrieben, der der Zeolithstruktur innewohnt.

Auch die Temperatur beeinflusst die Katalyse. Höhere Temperaturen steigern die Wirksamkeit des Katalysators beim Cracken primärer Pyrolysedämpfe, verstärken Dealkylierungs- und Demethoxylierungsreaktionen und unterdrücken gleichzeitig die Bildung polyaromatischer Kohlenwasserstoffe (Patel et al. 2020).

Das Bestreben, die katalytische Leistung von ZSM-5-Zeolithen zu verbessern, hat die Forschung nach geeigneten Dotierstoffen angeregt. Dabei hat sich insbesondere Fe-HZSM-5 als besonders effektiver Katalysator erwiesen (Li et al. 2021; Xia et al. 2015). Seine überlegene Leistung wird den synergistischen Effekten von Eisenoxid und ZSM-5 zugeschrieben, die Decarboxylierungs-, Decarbonylierungs- und Crackreaktionen fördern. Darüber hinaus reduziert der eisendotierte Katalysator die Koksbildung, erhöht die Monoaromatausbeute und senkt die scheinbare Aktivierungsenergie des Pyrolyseprozesses (Li et al. 2021; Özçakır und Karaduman 2021).

7.2   Metalloxide

Forschung zeigte, dass neben Zeolithen auch Metalloxide als Katalysatoren zur Pyrolyse von lignocellulosehaltiger Biomasse eingesetzt werden (Dai et al. 2020). Dies ergab sich aus der Notwendigkeit, katalytische Materialien mit geringerer Säurestärke als hochaktive Zeolithe, aber größerer Resistenz gegen Deaktivierung zu entwickeln. Sowohl saure als auch basische Metalloxide haben sich dafür als wirksam erwiesen. Unter den sauren Oxiden haben sich Kieselsäure und Tonerde am weitesten verbreitet. Jedoch zeigen aktuelle Trends ein wachsendes Interesse an basischen Oxiden – insbesondere Übergangsmetalloxiden.

Unter den basischen Metalloxiden sind CaO und MgO die am häufigsten eingesetzten Katalysatoren in der thermischen Umwandlung von Biomasse (Wang et al. 2022), aufgrund ihrer niedrigen Kosten, Ungiftigkeit und relativ hohen katalytischen Aktivität unter milden Reaktionsbedingungen. Studien zeigten, dass basische Oxide wichtige Aufwertungsreaktionen wie die Ketonisierung von Carbonsäuren und die Aldolkondensation von Aldehyden und Ketonen verbessern (Shemfe et al. 2015). Dennoch sind die Transformationswege von Pyrolysezwischenprodukten komplexer und stark abhängig vom tatsächlichen chemischen Zustand des Katalysators unter Reaktionsbedingungen.

Übergangsmetalloxide gewinnen in der Pyrolyse lignocellulosehaltiger Biomasse zunehmend an Bedeutung. Studien zeigten, dass Nano-Fe_2O_3 und Nano-NiO als Katalysatoren die Bildung leichter Kohlenwasserstoffe (Alkane und Olefine) sowie von Säuren, Aromaten und Phenolen beschleunigen (Li et al. 2019). Zusätzlich begünstigen sie den Abbau des Lignins.

Auch gemischte Metalloxide zeigen Potenzial für die katalytische Aufwertung von Pyrolysedämpfen (de Rezende Locatel et al. 2021). Im Vergleich zum Zeolith ZSM-5 reduzieren Nb_xMe_YOz-Katalysatoren (Me = W, Al oder Mn) effektiv den Anteil an Aldehyden, Ketonen und Ethern, während sie die Selektivität für Aromaten und Methoxyphenole erhöhen. Bei der Reaktion werden die Lewis-Säure-Zentren auf der Oberfläche des gemischten Oxids durch den Pyrolysedampf in Brønsted-Säure-Zentren umgewandelt, während die Brønsted-Azidität von ZSM-5 weitgehend erhalten bleibt. Zudem beschränken die engen Poren von ZSM-5 die Diffusion sperriger Zwischenprodukte und limitieren den Zugang zu den inneren aktiven Zentren. Die größeren Porenstrukturen der Nb-basierten Oxide hingegen erleichtern den Massentransport und steigern so die Effizienz des Aufwertungsprozesses. Ein weiteres Beispiel ist ein Ce-Zr-Al-O-Katalysator, der während der Schnellpyrolyse von Cellulose die Bioölqualität durch eine signifikant erhöhte Bildung aromatischer Kohlenwasserstoffe verbessert (Li et al. 2020). Diese Leistung wird auf die komplementären Eigenschaften seiner Komponenten zurückgeführt: die Redoxaktivität und hohe Sauerstoffspeicherkapazität von CeO_2, die thermische Stabilität und Koksresistenz von ZrO_2 sowie die von Al_2O_3 bereitgestellte hohe spezifische Oberfläche.

7.3   Kohlenstoffbasierte Materialien

Kohlenstoffbasierte Materialien stellen eine vielversprechende Klasse von Katalysatoren für die Pyrolyse von Biomasse und nachfolgende Bioölaufwertung dar. Ihre wachsende Bedeutung ergibt sich aus mehreren inhärenten Vorteilen, einschließlich einer gut entwickelten Oberfläche, hoher thermischer Stabilität, dem Vorhandensein von Oberflächenfunktionsgruppen und der Fähigkeit, Metallnanopartikel in ihre Struktur einzubauen. Allerdings ist die katalytische Effizienz von Rohbiokohle oft unzureichend für eine effektive Biomassenverarbeitung, was einen Aktivierungsschritt vor der Verwendung notwendig macht. Übliche Vorbehandlungsmethoden – wie thermische Behandlung, Säure-/Basenwäsche oder partielle Oxidation (Grams 2022) – dienen dazu, die Porosität der Biokohle zu verbessern, ihre Oberfläche zu vergrößern, die Porengröße zu optimieren, zusätzliche Funktionsgruppen zu schaffen und die Strukturordnung durch Graphitisierung zu verbessern (Duan et al. 2021). Darüber hinaus kann die katalytische Leistung von Biokohle durch Modifikation mit verschiedenen Metallen signifikant verstärkt werden (Guo et al. 2020).

7.4   Reaktortypen

Die katalytische Aufwertung von Bioöl aus Biomasse wird typischerweise mit zwei Hauptansätzen durchgeführt: In-situ- und Ex-situ-Katalyse (Kalogiannis et al. 2019). Die Wahl zwischen diesen Methoden hängt vom Reaktortyp und seiner Konfiguration ab. Als Kernkomponente des Prozesssystems bestimmt der Reaktor die Wärme- und Stoffübertragungseigenschaften und beeinflusst die Produktverteilung erheblich. Verschiedene Pyrolysereaktordesigns wurden in der Literatur beschrieben (Jahirul et al. 2012; Verma et al. 2012), wobei gängige Konfigurationen ablative Pyrolysereaktoren, Vakuumreaktoren, Spinning-Cone-Reaktoren, Wirbelschichten, Festbettreaktoren und Schneckenreaktoren umfassen.

Sowohl ex-situ- als auch in-situ-katalytische Pyrolyse werden in Reaktorsystemen eingesetzt, wobei jeder einem unterschiedlichen Betriebsansatz folgt. Die in-situ-katalytische Pyrolyse ist ein einstufiger Prozess, bei dem der Katalysator und die Biomasse zusammen in denselben Reaktor eingeführt werden. Im Gegensatz dazu ist die ex-situ-katalytische Pyrolyse eine zweistufige Methode: Biomasse wird zunächst separat pyrolysiert, und die resultierenden Dämpfe werden anschließend durch eine mit Katalysator gefüllte Kammer zur Aufwertung geleitet. Ein Schlüsselvorteil des In-situ-Ansatzes ist die Möglichkeit, die Aktivierungsenergie des Biomasseabbaus zu modifizieren und damit den Reaktionsweg zur selektiven Bildung spezifischer, wertvoller Chemikalien zu lenken (Fong et al. 2019; Wang et al. 2021). Auf der anderen Seite bietet ex-situ-katalytische Pyrolyse größere Flexibilität, indem sie unabhängige Kontrolle über die Pyrolysebedingungen und Optimierung der katalytischen Reaktionsumgebung ermöglicht (Iliopoulou et al. 2019). Eine Herausforderung, die mit Ex-situ-

Systemen verbunden ist, ist der Temperaturabfall entlang der Katalysatorkammer (Wang et al. 2016). Dieser Rückgang kann die Kondensation bestimmter Pyrolysedämpfe verursachen, was zur Katalysatordeaktivierung führt. Um dieses Problem zu mindern, wird empfohlen, die gesamte Katalysatorkammer auf einer Mindesttemperatur von 400 °C zu halten, um sicherzustellen, dass Dämpfe in der Gasphase bleiben und die Katalysatorleistung erhalten bleibt. Andererseits kann bei der insitu-katalytischen Schnellpyrolyse der Kontakt der erzeugten Dämpfe mit dem Katalysator begrenzt sein; oft ist ein höheres Katalysator-zu-Biomasse-Verhältnis erforderlich, um eine vergleichbare Deoxygenierungseffizienz zu erreichen. Im Gegensatz dazu bietet die Ex-situ-Aufwertung den Vorteil, eine präzise Kontrolle über die optimale Aufwertungstemperatur und ein besseres Management der Katalysatordeaktivierung zu ermöglichen; sie bringt jedoch die zusätzliche Komplexität und den Energiebedarf für das Heizen zweier separater Reaktoren mit sich.

Zusammenfassung 8

Die steigende globale Energienachfrage und die damit verbundenen Umweltprobleme durch fossile Brennstoffe machen die Transformation des Energiesystems zu einer dringenden Notwendigkeit. Lignocellulosehaltige Biomasse stellt eine vielversprechende erneuerbare Ressource dar, da sie nicht nur weit verfügbar, sondern auch die einzige kohlenstoffhaltige erneuerbare Energiequelle ist. Durch Pyrolyse, einem thermochemischen Prozess unter Sauerstoffausschluss, kann diese Biomasse in wertvolle Produkte umgewandelt werden: Biokohle, Bioöl und Synthesegas. Dieser Prozess verläuft in mehreren Stufen, beginnend mit der Trocknung, gefolgt von Depolymerisation und Fragmentierung, wobei die Produktverteilung stark von der Zusammensetzung der Biomasse und den Prozessparametern abhängt.

Die Zusammensetzung der Biomasse – insbesondere die Anteile an Cellulose, Hemicellulose und Lignin – beeinflusst dabei maßgeblich die Ergebnisse. Lignin begünstigt die Bildung von Biokohle, während Cellulose und Hemicellulose eher flüchtige Verbindungen liefern, die zu Bioöl beitragen. Neben der Ausgangszusammensetzung spielen auch Eigenschaften wie Feuchte, Aschegehalt und Partikelgröße eine entscheidende Rolle. Um die Qualität der Pyrolyseprodukte zu verbessern, kommen verschiedene Vorbehandlungsmethoden zum Einsatz, darunter physikalische, chemische, physikochemische und thermochemische Verfahren. Diese Vorbehandlungen können die Porosität erhöhen, den Sauerstoffgehalt senken und so die Effizienz des Pyrolyseprozesses steigern.

Die Pyrolyse selbst kann in verschiedenen Varianten durchgeführt werden: langsame Pyrolyse bei niedrigen Aufheizraten und langen Verweilzeiten zur Maximierung der Biokohleausbeute, schnelle Pyrolyse mit hohen Aufheizraten und kurzen Verweilzeiten zur Optimierung der Bioölproduktion sowie Blitzpyrolyse mit

K. Ghaib, *Pyrolyse lignocellulosehaltiger Biomasse*, essentials,
https://doi.org/10.1007/978-3-658-51114-2_8

extrem schneller Erwärmung für noch höhere Flüssigkeitsausbeuten. Die dabei ablaufenden Reaktionsmechanismen sind komplex und komponentenspezifisch: Cellulose zersetzt sich primär zu Anhydrosacchariden wie Levoglucosan, Hemicellulose zu Furfural und Säuren und Lignin zu methoxylierten Phenolen.

Trotz des großen Potenzials weist das durch Pyrolyse gewonnene Bioöl einige Nachteile auf, darunter einen hohen Sauerstoff- und Wassergehalt, eine geringe Stabilität und korrosive Eigenschaften. Um diese zu überwinden, wurden verschiedene Ansätze entwickelt. Die Co-Pyrolyse mit kunststoffreichen Abfällen nutzt den hohen Wasserstoffgehalt der Kunststoffe, um die Deoxygenierung zu fördern und die Bioölqualität zu verbessern. Temperaturprogrammierte Pyrolyse ermöglicht durch stufenweise Erwärmung und Kondensation die gezielte Gewinnung bestimmter Fraktionen. Besonders vielversprechend ist die katalytische Pyrolyse, bei der heterogene Katalysatoren wie Zeolithe (z. B. ZSM-5), Metalloxide (z. B. CaO) oder kohlenstoffbasierte Materialien eingesetzt werden, um unerwünschte Sauerstoffverbindungen gezielt abzubauen und die Bildung wertvoller Aromaten zu fördern.

Die Produkte der Pyrolyse finden vielseitige Anwendungen: Biokohle dient als Bodenverbesserer, Kohlenstoffspeicher oder Adsorptionsmittel für Schadstoffe, Bioöl kann zu Kraftstoffen oder Chemikalien aufgewertet werden und Synthesegas kann zur Stromerzeugung genutzt werden.

Was Sie aus diesem *essential* mitnehmen können

- Lignocellulose ist kein homogenes Material – ihre Zersetzungsprodukte hängen stark von ihrer chemischen Zusammensetzung und den Prozessbedingungen ab.
- Hohe Sauerstoffgehalte machen Bioöl instabil – Lösungen liegen in Vorbehandlung, Co-Pyrolyse oder Katalyse, um Deoxygenierung zu erreichen.
- Biokohle ist nicht nur ein Nebenprodukt, sondern ein hochwertiger Festbrennstoff, Bodenverbesserer oder Kohlenstoffspeicher – je nach Pyrolysetemperatur und -dauer.
- Die Co-Pyrolyse mit Kunststoffen ist kein bloßer Abfallmix, sondern ein chemischer Hilfsimpuls.
- Die Pyrolyse ist eine vielversprechende Technologie – durch gezielte Forschung und interdisziplinäre Innovation lassen sich die bestehenden Herausforderungen meistern und ihr volles Potenzial für eine nachhaltige Energiezukunft entfalten.

Literatur

Aghamiri, A. R., & Lahijani, P. (2024). Catalytic conversion of biomass and plastic waste to alternative aviation fuels: A review. *Biomass and Bioenergy, 183*, 107120. https://doi.org/10.1016/j.biombioe.2024.107120

Aguilar, G., Muley, PD., Henkel, C., & Boldor, D. (2015). Effects of biomass particle size on yield and composition of pyrolysis bio-oil derived from Chinese tallow tree (Triadica Sebifera L.) and energy cane (Saccharum complex) in an inductively heated reactor. *Aims Energy, 3*(4), 838–850. https://doi.org/10.3934/energy.2015.4.838

Álvarez-Chávez, B. J., Godbout, S., Le Roux, É., Palacios, J. H., & Raghavan, V. (2019). Bio-oil yield and quality enhancement through fast pyrolysis and fractional condensation concepts. *Biofuel Research Journal, 6*(4), 1054–1064. https://doi.org/10.18331/BRJ2019.6.4.2

Angın, D. (2013). Effect of pyrolysis temperature and heating rate on biochar obtained from pyrolysis of safflower seed press cake. *Bioresource Technology, 128*, 593–597. https://doi.org/10.1016/j.biortech.2012.10.150

Ansari, K. B., Arora, J. S., Chew, J. W., Dauenhauer, P. J., & Mushrif, S. H. (2019). Fast pyrolysis of cellulose, hemicellulose, and lignin: effect of operating temperature on bio-oil yield and composition and insights into the intrinsic pyrolysis chemistry. *Industrial & Engineering Chemistry Research, 58*(35), 15838–15852. https://doi.org/10.1021/acs.iecr.9b00920

Ansari, K. B., Hassan, S. Z., Bhoi, R., & Ahmad, E. (2021). Co-pyrolysis of biomass and plastic wastes: A review on reactants synergy, catalyst impact, process parameter, hydrocarbon fuel potential, COVID-19. *Journal of Environmental Chemical Engineering, 9*(6), 106436. https://doi.org/10.1016/j.jece.2021.106436

Antal Jr, M. J., Allen, S. G., Dai, X., Shimizu, B., Tam, M. S., & Grønli, M. (2000). Attainment of the theoretical yield of carbon from biomass. *Industrial & Engineering Chemistry Research, 39*(11), 4024–4031. https://doi.org/10.1021/ie000511u

Antal, M. J., & Grønli, M. (2003). The Art, Science, and Technology of Charcoal Production. *Industrial & Engineering Chemistry Research, 42*(8), 1619–1640. https://doi.org/10.1021/ie0207919

Ateş, F., Pütün, E., & Pütün, A. (2004). Fast pyrolysis of sesame stalk: yields and structural analysis of bio-oil. *Journal of Analytical and Applied Pyrolysis, 71*(2), 779–790. https://doi.org/10.1016/j.jaap.2003.11.001

Ates, F., & Un, U. T. (2013). Production of char from hornbeam sawdust and its performance evaluation in the dye removal. *Journal of Analytical and Applied Pyrolysis, 103*, 159–166. https://doi.org/10.1016/j.jaap.2013.01.021

Ayllón, M., Aznar, M., Sánchez, J., Gea, G., & Arauzo, J. (2006). Influence of temperature and heating rate on the fixed bed pyrolysis of meat and bone meal. *Chemical Engineering Journal, 121*(2–3), 85–96. https://doi.org/10.1016/j.cej.2006.04.013

Aysu, T., & Küçük, M. M. (2014). Biomass pyrolysis in a fixed-bed reactor: Effects of pyrolysis parameters on product yields and characterization of products. *Energy, 64*, 1002–1025. https://doi.org/10.1016/j.energy.2013.11.053

Biswas, A. K., Umeki, K., Yang, W., & Blasiak, W. (2011). Change of pyrolysis characteristics and structure of woody biomass due to steam explosion pretreatment. *Fuel Processing Technology, 92*(10), 1849–1854. https://doi.org/10.1016/j.fuproc.2011.04.038

Biswas, S., Mohanty, P., & Sharma, D. (2013). Studies on synergism in the cracking and co-cracking of Jatropha oil, vacuum residue and high density polyethylene: kinetic analysis. *Fuel Processing Technology, 106*, 673–683. https://doi.org/10.1016/j.fuproc.2012.10.001

Biswas, S., Mohanty, P., & Sharma, D. (2014). Studies on co-cracking of jatropha oil with bagasse to obtain liquid, gaseous product and char. *Renewable Energy, 63*, 308–316. https://doi.org/10.1016/j.renene.2013.09.045

Boateng, A., & Mullen, C. (2013). Fast pyrolysis of biomass thermally pretreated by torrefaction. *Journal of Analytical and Applied Pyrolysis, 100*, 95–102. https://doi.org/10.1016/j.jaap.2012.12.002

Brebu, M., & Vasile, C. (2010). Thermal degradation of lignin – a review. *Cellulose Chemistry & Technology, 44*(9), 353.

Bryden, K. M., & Hagge, M. J. (2003). Modeling the combined impact of moisture and char shrinkage on the pyrolysis of a biomass particle☆. *Fuel, 82*(13), 1633–1644. https://doi.org/10.1016/S0016-2361(03)00108-X

Cao, B., Xia, Z., Wang, S., Abomohra, A. E.-F., Cai, N., Hu, Y., Yuan, C., Qian, L., Liu, L., & Liu, X. (2018). A study on catalytic co-pyrolysis of cellulose with seaweeds polysaccharides over ZSM-5: Towards high-quality biofuel production. *Journal of Analytical and Applied Pyrolysis, 134*, 526–535. https://doi.org/10.1016/j.jaap.2018.07.020

Cao, Z., Niu, J., Gu, Y., Zhang, R., Liu, Y., & Luo, L. (2020). Catalytic pyrolysis of rice straw: screening of various metal salts, metal basic oxide, acidic metal oxide and zeolite catalyst on products yield and characterization. *Journal of Cleaner Production, 269*, 122079. https://doi.org/10.1016/j.jclepro.2020.122079

Castello, D., Rolli, B., Kruse, A., & Fiori, L. (2017). Supercritical water gasification of biomass in a ceramic reactor: Long-time batch experiments. *Energies, 10*(11), 1734. https://doi.org/10.3390/en10111734

Chaloupková, V., Ivanova, T., Ekrt, O., Kabutey, A., & Herák, D. (2018). Determination of particle size and distribution through image-based macroscopic analysis of the structure of biomass briquettes. *Energies, 11*(2), 331. https://doi.org/10.3390/en11020331

Chan, Y. H., Loh, S. K., Chin, B. L. F., Yiin, C. L., How, B. S., Cheah, K. W., Wong, M. K., Loy, A. C. M., Gwee, Y. L., & Lo, S. L. Y. (2020). Fractionation and extraction of bio-oil for production of greener fuel and value-added chemicals: Recent advances and future prospects. *Chemical Engineering Journal, 397*, 125406. https://doi.org/10.1016/j.cej.2020.125406

Chen, D., Zhou, J., & Zhang, Q. (2014). Effects of torrefaction on the pyrolysis behavior and bio-oil properties of rice husk by using TG-FTIR and Py-GC/MS. *Energy & Fuels, 28*(9), 5857–5863. https://doi.org/10.1021/ef501189p

Chen, L., Li, J., Lu, M., Guo, X., Zhang, H., & Han, L. (2016). Integrated chemical and multi-scale structural analyses for the processes of acid pretreatment and enzymatic hydrolysis of corn stover. *Carbohydrate Polymers, 141*, 1–9. https://doi.org/10.1016/j.carbpol.2015.12.079

Chen, Y., Stevens, M. A., Zhu, Y., Holmes, J., & Xu, H. (2013). Understanding of alkaline pretreatment parameters for corn stover enzymatic saccharification. *Biotechnology for Biofuels, 6*(1), 8. https://doi.org/10.1186/1754-6834-6-8

Chen, Y., Yang, H., Yang, Q., Hao, H., Zhu, B., & Chen, H. (2014). Torrefaction of agriculture straws and its application on biomass pyrolysis poly-generation. *Bioresource Technology, 156*, 70–77. https://doi.org/10.1016/j.biortech.2013.12.088

Cheng, Y., Wang, J., Fang, C., Du, Y., Su, J., Chen, J., & Zhang, Y. (2024). Recent Progresses in Pyrolysis of Plastic Packaging Wastes and Biomass Materials for Conversion of High-Value Carbons: A Review. *Polymers, 16*(8), 1066. https://doi.org/10.3390/polym16081066

Chin, B. L. F., Yusup, S., Shoaibi, A. A., Kannan, P., Srinivasakannan, C., & Sulaiman, S. A. (2014). Kinetic studies of co-pyrolysis of rubber seed shell with high density polyethylene. *Energy Conversion and Management, 87*, 746–753. https://doi.org/10.1016/j.enconman.2014.07.043

Choi, H. S., Choi, Y. S., & Park, H. C. (2012). Fast pyrolysis characteristics of lignocellulosic biomass with varying reaction conditions. *Renewable Energy, 42*, 131–135. https://doi.org/10.1016/j.renene.2011.08.049

Dai, G., Zhu, Y., Yang, J., Pan, Y., Wang, G., Reubroycharoen, P., & Wang, S. (2019). Mechanism study on the pyrolysis of the typical ether linkages in biomass. *Fuel, 249*, 146–153. https://doi.org/10.1016/j.fuel.2019.03.099

Dai, L., Zhou, N., Li, H., Deng, W., Cheng, Y., Wang, Y., Liu, Y., Cobb, K., Lei, H., & Chen, P. (2020). Recent advances in improving lignocellulosic biomass-based bio-oil production. *Journal of Analytical and Applied Pyrolysis, 149*, 104845. https://doi.org/10.1016/j.jaap.2020.104845

Day, D., Evans, R. J., Lee, J. W., & Reicosky, D. (2005). Economical CO2, SOx, and NOx capture from fossil-fuel utilization with combined renewable hydrogen production and large-scale carbon sequestration. *Energy, 30*(14), 2558–2579. https://doi.org/10.1016/j.energy.2004.07.016

Dayton, D. C. (2016). *Catalytic Deoxygenation of Biomass Pyrolysis Vapors to Improve Bio-oil Stability.*

De, M., Azargohar, R., Dalai, A. K., & Shewchuk, S. R. (2013). Mercury removal by biochar based modified activated carbons. *Fuel, 103*, 570–578. https://doi.org/10.1016/j.fuel.2012.08.011

de Rezende Locatel, W., Laurenti, D., Schuurman, Y., & Guilhaume, N. (2021). Ex-situ catalytic upgrading of pyrolysis vapors using mixed metal oxides. *Journal of Analytical and Applied Pyrolysis, 158*, 105241. https://doi.org/10.1016/j.jaap.2021.105241

Demirbas, A. (2004a). Determination of calorific values of bio-chars and pyro-oils from pyrolysis of beech trunkbarks. *Journal of Analytical and Applied Pyrolysis*, *72*(2), 215–219. https://doi.org/10.1016/j.jaap.2004.06.005

Demirbas, A. (2004b). Effect of initial moisture content on the yields of oily products from pyrolysis of biomass. *Journal of Analytical and Applied Pyrolysis*, *71*(2), 803–815. https://doi.org/10.1016/j.jaap.2003.10.008

Demirbas, A. (2004c). Effects of temperature and particle size on bio-char yield from pyrolysis of agricultural residues. *Journal of Analytical and Applied Pyrolysis 72*(2), 243–248. https://doi.org/10.1016/j.jaap.2004.07.003

Demirbas, A. (2008). Biofuels sources, biofuel policy, biofuel economy and global biofuel projections. *Energy Conversion and Management*, *49*(8), 2106–2116. https://doi.org/10.1016/j.enconman.2008.02.020

Demirbas, A., & Arin, G. (2002). An overview of biomass pyrolysis. *Energy Sources*, *24*(5), 471–482. https://doi.org/10.1080/00908310252889979

Deveci, H., & Kar, Y. (2013). Adsorption of hexavalent chromium from aqueous solutions by bio-chars obtained during biomass pyrolysis. *Journal of Industrial and Engineering Chemistry*, *19*(1), 190–196. https://doi.org/10.1016/j.jiec.2012.08.001

Dhyani, V., & Bhaskar, T. (2019). Pyrolysis of biomass. In A. Pandey, C. Larroche, C.-G. Dussap, E. Gnansounou, S. K. Khanal, & S. Ricke (Eds.), *Biofuels: alternative feedstocks and conversion processes for the production of liquid and gaseous biofuels* (pp. 217–244). Elsevier.

Díaz-Vázquez, L. M., Rojas-Pérez, A., Fuentes-Caraballo, M., Robles, I. V., Jena, U., & Das, K. (2015). Demineralization of Sargassum spp. macroalgae biomass: selective hydrothermal liquefaction process for bio-oil production. *Frontiers in Energy Research*, *3*, 6. https://doi.org/10.3389/fenrg.2015.00006

Dimitrakellis, P., Delikonstantis, E., Stefanidis, G. D., & Vlachos, D. G. (2022). Plasma technology for lignocellulosic biomass conversion toward an electrified biorefinery. *Green Chemistry*, *24*(7), 2680–2721. https://doi.org/10.1039/D1GC03436G

Dong, R., Tang, Z., Song, H., Chen, Y., Wang, X., Yang, H., & Chen, H. (2024). Co-pyrolysis of vineyards biomass waste and plastic waste: Thermal behavior, pyrolytic characteristic, kinetics, and thermodynamics analysis. *Journal of Analytical and Applied Pyrolysis*, *179*, 106506. https://doi.org/10.1016/j.jaap.2024.106506

Duan, D., Chen, D., Huang, L., Zhang, Y., Zhang, Y., Wang, Q., Xiao, G., Zhang, W., Lei, H., & Ruan, R. (2021). Activated carbon from lignocellulosic biomass as catalyst: A review of the applications in fast pyrolysis process. *Journal of Analytical and Applied Pyrolysis*, *158*, 105246. https://doi.org/10.1016/j.jaap.2021.105246

Encinar, J., Beltran, F., Bernalte, A., Ramiro, A., & González, J. (1996). Pyrolysis of two agricultural residues: olive and grape bagasse. Influence of particle size and temperature. *Biomass and Bioenergy*, *11*(5), 397–409. https://doi.org/10.1016/S0961-9534(96)00029-3

Encinar, J., Gonzalez, J., & Gonzalez, J. (2000). Fixed-bed pyrolysis of Cynara cardunculus L. Product yields and compositions. *Fuel Processing Technology*, *68*(3), 209–222. https://doi.org/10.1016/S0378-3820(00)00125-9

Eschenbacher, A., Fennell, P., & Jensen, A. D. (2021). A review of recent research on catalytic biomass pyrolysis and low-pressure hydropyrolysis. *Energy & Fuels*, *35*(22), 18333–18369. https://doi.org/10.1021/acs.energyfuels.1c02793

Esso, S. B. E., Xiong, Z., Chaiwat, W., Kamara, M. F., Longfei, X., Xu, J., Ebako, J., Jiang, L., Su, S., & Hu, S. (2022). Review on synergistic effects during co-pyrolysis of biomass and plastic waste: Significance of operating conditions and interaction mechanism. *Biomass and Bioenergy, 159*, 106415. https://doi.org/10.1016/j.biombioe.2022.106415

Fagbemi, L., Khezami, L., & Capart, R. (2001). Pyrolysis products from different biomasses: application to the thermal cracking of tar. *Applied Energy, 69*(4), 293–306. https://doi.org/10.1016/S0306-2619(01)00013-7

Fang, J., Leavey, A., & Biswas, P. (2014). Controlled studies on aerosol formation during biomass pyrolysis in a flat flame reactor. *Fuel, 116*, 350–357. https://doi.org/10.1016/j.fuel.2013.08.002

Fong, M. J. B., Loy, A. C. M., Chin, B. L. F., Lam, M. K., Yusup, S., & Jawad, Z. A. (2019). Catalytic pyrolysis of Chlorella vulgaris: kinetic and thermodynamic analysis. *Bioresource Technology, 289*, 121689. https://doi.org/10.1016/j.biortech.2019.121689

Fu, P., Hu, S., Xiang, J., Sun, L., Su, S., & Wang, J. (2012). Evaluation of the porous structure development of chars from pyrolysis of rice straw: Effects of pyrolysis temperature and heating rate. *Journal of Analytical and Applied Pyrolysis, 98*, 177–183. https://doi.org/10.1016/j.jaap.2012.08.005

Garba, M., Musa, U., Olugbenga, A., Mohammad, Y. S., Yahaya, M., & Ibrahim, A. (2018). Catalytic upgrading of bio-oil from bagasse: Thermogravimetric analysis and fixed bed pyrolysis. *Beni-Suef University Journal of Basic and Applied Sciences, 7*(4), 776–781. https://doi.org/10.1016/j.bjbas.2018.11.004

García-Maraver, A., Terron, L., Ramos-Ridao, A., & Zamorano, M. (2014). Effects of mineral contamination on the ash content of olive tree residual biomass. *Biosystems Engineering, 118*, 167–173. https://doi.org/10.1016/j.biosystemseng.2013.12.009

Gin, A., Hassan, H., Ahmad, M., Hameed, B., & Din, A. M. (2021). Recent progress on catalytic co-pyrolysis of plastic waste and lignocellulosic biomass to liquid fuel: The influence of technical and reaction kinetic parameters. *Arabian Journal of Chemistry, 14*(4), 103035. https://doi.org/10.1016/j.arabjc.2021.103035

González, J. F., González-García, C. M., Ramiro, A., González, J., Sabio, E., Gañán, J., & Rodríguez, M. A. (2004). Combustion optimisation of biomass residue pellets for domestic heating with a mural boiler. *Biomass and Bioenergy, 27*(2), 145–154. https://doi.org/10.1016/j.biombioe.2004.01.004

Gooty, A. T. (2012). *Fractional condensation of bio-oil vapors* The University of Western Ontario (Canada)].

Grams, J. (2022). Surface analysis of solid products of thermal treatment of lignocellulosic biomass. *Journal of Analytical and Applied Pyrolysis, 161*, 105429. https://doi.org/10.1016/j.jaap.2021.105429

Grams, J., & Ruppert, A. M. (2017). Development of heterogeneous catalysts for thermochemical conversion of lignocellulosic biomass. *Energies, 10*(4), 545. https://doi.org/10.3390/en10040545

Guda, V. K., & Toghiani, H. (2016). Altering bio-oil composition by catalytic treatment of pinewood pyrolysis vapors over zeolites using an auger-packed bed integrated reactor system. *Biofuel Research Journal, 3*(3), 448–457. https://doi.org/10.18331/BRJ2016.3.3.4

Guo, F., Jia, X., Liang, S., Zhou, N., Chen, P., & Ruan, R. (2020). Development of biochar-based nanocatalysts for tar cracking/reforming during biomass pyrolysis and gasification. *Bioresource Technology, 298*, 122263. https://doi.org/10.1016/j.biortech.2019.122263

Hani, F. F. B., & Hailat, M. M. (2016). Production of bio-oil from pyrolysis of olive biomass with/without catalyst. *Advances in Chemical Engineering and Science, 6*(04), 488. https://doi.org/10.4236/aces.2016.64043

Hassan, N., Jalil, A., Hitam, C., Vo, D., & Nabgan, W. (2020). Biofuels and renewable chemicals production by catalytic pyrolysis of cellulose: a review. *Environmental Chemistry Letters, 18*(5), 1625–1648. https://doi.org/10.1007/s10311-020-01040-7

He, L., Qin, Y., Lou, H., & Chen, P. (2015). Highly dispersed molybdenum carbide nanoparticles supported on activated carbon as an efficient catalyst for the hydrodeoxygenation of vanillin. *RSC Advances, 5*(54), 43141–43147. https://doi.org/10.1039/C5RA00866B

He, Z., Wang, Z., Zhao, Z., Yi, S., Mu, J., & Wang, X. (2017). Influence of ultrasound pretreatment on wood physiochemical structure. *Ultrasonics Sonochemistry, 34*, 136–141. https://doi.org/10.1016/j.ultsonch.2016.05.035

Hertzog, J., Garnier, C., Mase, C., Mariette, S., Serve, O., Hubert-Roux, M., Afonso, C., Giusti, P., & Barrère-Mangote, C. (2022). Fractionation by flash chromatography and molecular characterization of bio-oil by ultra-high-resolution mass spectrometry and NMR spectroscopy. *Journal of Analytical and Applied Pyrolysis, 166*, 105611. https://doi.org/10.1016/j.jaap.2022.105611

Hoeger, I. C., Nair, S. S., Ragauskas, A. J., Deng, Y., Rojas, O. J., & Zhu, J. Y. (2013). Mechanical deconstruction of lignocellulose cell walls and their enzymatic saccharification. *Cellulose, 20*(2), 807–818. https://doi.org/10.1007/s10570-013-9867-9

Hornung, A., Apfelbacher, A., & Sagi, S. (2011). Intermediate pyrolysis: A sustainable biomass-to-energy concept-biothermal valorisation of biomass (BtVB) process [Review]. *Journal of Scientific and Industrial Research, 70*(8), 664–667. https://www.scopus.com/inward/record.uri?eid=2-s2.0-79961232263&partnerID=40&md5=f4a3e718dc75ecf73fba1aa1838939a3

Hu, C., Zhang, H., Wu, S., & Xiao, R. (2020). Molecular shape selectivity of HZSM-5 in catalytic conversion of biomass pyrolysis vapors: The effective pore size. *Energy Conversion and Management, 210*, 112678. https://doi.org/10.1016/j.enconman.2020.112678

Hu, X., & Gholizadeh, M. (2020). Progress of the applications of bio-oil. *Renewable and Sustainable Energy Reviews, 134*, 110124. https://doi.org/10.1016/j.rser.2020.110124

Huang, C., Lin, W., Lai, C., Li, X., Jin, Y., & Yong, Q. (2019a). Coupling the post-extraction process to remove residual lignin and alter the recalcitrant structures for improving the enzymatic digestibility of acid-pretreated bamboo residues. *Bioresource Technology, 285*, 121355. https://doi.org/10.1016/j.biortech.2019.121355

Huang, C., Wang, X., Liang, C., Jiang, X., Yang, G., Xu, J., & Yong, Q. (2019b). A sustainable process for procuring biologically active fractions of high-purity xylooligosaccharides and water-soluble lignin from Moso bamboo prehydrolyzate. *Biotechnology for Biofuels, 12*(1), 189. https://doi.org/10.1186/s13068-019-1527-3

Iliopoulou, E. F., Triantafyllidis, K. S., & Lappas, A. A. (2019). Overview of catalytic upgrading of biomass pyrolysis vapors toward the production of fuels and high-value chemicals. *Wiley Interdisciplinary Reviews: Energy and Environment, 8*(1), e322. https://doi.org/10.1002/wene.322

Imam, T., & Capareda, S. (2012). Characterization of bio-oil, syn-gas and bio-char from switchgrass pyrolysis at various temperatures. *Journal of Analytical and Applied Pyrolysis, 93*, 170–177. https://doi.org/10.1016/j.jaap.2011.11.010

Imran, A., Bramer, E. A., Seshan, K., & Brem, G. (2018). An overview of catalysts in biomass pyrolysis for production of biofuels. *Biofuel Research Journal, 20,* 872–885. https://doi.org/10.18331/BRJ2018.5.4.2

J. González, A. Ramiro, C. M. González-García, J. Gañán, J. Encinar, & E. Sabio, J. Rubiales (2005). Pyrolysis of Almond Shells. Energy Applications of Fractions. *Industrial & Engineering Chemistry Research, 44*(9), 3003–3012. https://doi.org/10.1021/ie0490942

Jagaba, A. H., Lawal, D. U., Abdulazeez, I., Lawal, I. M., Mu'azu, N. D., Birniwa, A. H., Usman, A. K., Hagar, H. S., Yaro, N. S. A., & Noor, A. (2024). Advancements and prospects in the utilization of metal ions and polymers for enhancing aerobic granulation during industrial effluent treatment and resource recovery. *Journal of Water Process Engineering, 66,* 105972. https://doi.org/10.1016/j.jwpe.2024.105972

Jahirul, M. I., Rasul, M. G., Chowdhury, A. A., & Ashwath, N. (2012). Biofuels production through biomass pyrolysis – a technological review. *Energies, 5*(12), 4952–5001. https://doi.org/10.3390/en5124952

Janse, A., Westerhout, R., & Prins, W. (2000). Modelling of flash pyrolysis of a single wood particle. *Chemical Engineering and Processing: Process Intensification, 39*(3), 239–252. https://doi.org/10.1016/S0255-2701(99)00092-6

Jia, L., Raad, M., Hamieh, S., Toufaily, J., Hamieh, T., Bettahar, M., Mauviel, G., Tarrighi, M., Pinard, L., & Dufour, A. (2017). Catalytic fast pyrolysis of biomass: superior selectivity of hierarchical zeolites to aromatics. *Green Chemistry, 19*(22), 5442–5459. https://doi.org/10.1039/C7GC02309J

Kabir, G., & Hameed, B. (2017). Recent progress on catalytic pyrolysis of lignocellulosic biomass to high-grade bio-oil and bio-chemicals. *Renewable and Sustainable Energy Reviews, 70,* 945–967. https://doi.org/10.1016/j.rser.2016.12.001

Kalogiannis, K. G., Stefanidis, S. D., & Lappas, A. A. (2019). Catalyst deactivation, ash accumulation and bio-oil deoxygenation during ex situ catalytic fast pyrolysis of biomass in a cascade thermal-catalytic reactor system. *Fuel Processing Technology, 186,* 99–109. https://doi.org/10.1016/j.fuproc.2018.12.008

Kariim, I., Swai, H., & Kivevele, T. (2023). Bio-Oil Upgrading over ZSM-5 Catalyst: A Review of Catalyst Performance and Deactivation. *International Journal of Energy Research, 2023*(1), 4776962. https://doi.org/10.1155/2023/4776962

Kawamoto, H. (2017). Lignin pyrolysis reactions. *Journal of Wood Science, 63*(2), 117–132. https://doi.org/10.1007/s10086-016-1606-z

Khan, W., Jia, X., Wu, Z., Choi, J., & Yip, A. C. (2019). Incorporating hierarchy into conventional zeolites for catalytic biomass conversions: A review. *Catalysts, 9*(2), 127. https://doi.org/10.3390/catal9020127

Kılıç, M., Kırbıyık, Ç., Çepelioğullar, Ö., & Pütün, A. E. (2013). Adsorption of heavy metal ions from aqueous solutions by bio-char, a by-product of pyrolysis. *Applied Surface Science, 283,* 856–862. https://doi.org/10.1016/j.apsusc.2013.07.033

Konsomboon, S., Commandré, J.-M., & Fukuda, S. (2019). Torrefaction of various biomass feedstocks and its impact on the reduction of tar produced during pyrolysis. *Energy & Fuels, 33*(4), 3257–3266. https://doi.org/10.1021/acs.energyfuels.8b04406

Kumar Mishra, R., & Mohanty, K. (2020). Co-pyrolysis of waste biomass and waste plastics (polystyrene and waste nitrile gloves) into renewable fuel and value-added chemicals. *Carbon Resources Conversion, 3,* 145–155. https://doi.org/10.1016/j.crcon.2020.11.001

Lee, C., Zheng, Y., & VanderGheynst, J. S. (2015). Effects of pretreatment conditions and post – pretreatment washing on ethanol production from dilute acid pretreated rice straw. *Biosystems Engineering, 137*, 36–42. https://doi.org/10.1016/j.biosystemseng.2015.07.001

Lee, H. V., & Juan, J. C. (2017). Nanocatalysis for the conversion of nonedible biomass to biogasoline via deoxygenation reaction. In M. Rai & S. S. d. Silva (Eds.), *Nanotechnology for Bioenergy and Biofuel Production* (pp. 301–323). Springer. https://doi.org/10.1007/978-3-319-45459-7_13

Li, C., Yue, X., Yang, J., Yang, Y., Gu, H., & Peng, W. (2019). Catalytic fast pyrolysis of forestry wood waste for bio-energy recovery using nano-catalysts. *Energies, 12*(20), 3972. https://doi.org/10.3390/en12203972

Li, J., Bai, X., Fang, Y., Chen, Y., Wang, X., Chen, H., & Yang, H. (2020). Comprehensive mechanism of initial stage for lignin pyrolysis. *Combustion and Flame, 215*, 1–9. https://doi.org/10.1016/j.combustflame.2020.01.016

Li, L., Rowbotham, J. S., Greenwell, H. C., & Dyer, P. W. (2013). An introduction to pyrolysis and catalytic pyrolysis: versatile techniques for biomass conversion. In S. L. Suib (Ed.), *New and Future Developments in Catalysis* (pp. 173–208). Elsevier.

Li, W., Zhu, Y., Li, S., Lu, Y., Wang, J., Zhu, K., Chen, J., Zheng, Y., & Zheng, Z. (2020). Catalytic fast pyrolysis of cellulose over Ce0. 8Zr0. 2-xAlxO2 catalysts to produce aromatic hydrocarbons: Analytical Py-GC× GC/MS. *Fuel Processing Technology, 205*, 106438. https://doi.org/10.1016/j.fuproc.2020.106438

Li, Y., Yellezuome, D., Chai, M., Li, C., & Liu, R. (2021). Catalytic pyrolysis of biomass over Fe-modified hierarchical ZSM-5: insights into mono-aromatics selectivity and pyrolysis behavior using Py-GC/MS and TG-FTIR. *Journal of the Energy Institute, 99*, 218–228. https://doi.org/10.1016/j.joei.2021.09.013

Liew, J. X., Loy, A. C. M., Chin, B. L. F., AlNouss, A., Shahbaz, M., Al-Ansari, T., Govindan, R., & Chai, Y. H. (2021). Synergistic effects of catalytic co-pyrolysis of corn cob and HDPE waste mixtures using weight average global process model. *Renewable Energy, 170*, 948–963. https://doi.org/10.1016/j.renene.2021.02.053

Liu, C., Wang, H., Karim, A. M., Sun, J., & Wang, Y. (2014). Catalytic fast pyrolysis of lignocellulosic biomass. *Chemical Society Reviews, 43*(22), 7594–7623. https://doi.org/10.1039/C3CS60414D

Liu, J., Chen, X., Chen, W., Xia, M., Chen, Y., Chen, H., Zeng, K., & Yang, H. (2023). Biomass pyrolysis mechanism for carbon-based high-value products. *Proceedings of the Combustion Institute, 39*(3), 3157–3181. https://doi.org/10.1016/j.proci.2022.09.063

Liu, P., Liu, W.-J., Jiang, H., Chen, J.-J., Li, W.-W., & Yu, H.-Q. (2012). Modification of biochar derived from fast pyrolysis of biomass and its application in removal of tetracycline from aqueous solution. *Bioresource Technology, 121*, 235–240. https://doi.org/10.1016/j.biortech.2012.06.085

Liu, W.-J., Zeng, F.-X., Jiang, H., & Zhang, X.-S. (2011). Preparation of high adsorption capacity bio-chars from waste biomass. *Bioresource Technology, 102*(17), 8247–8252. https://doi.org/10.1016/j.biortech.2011.06.014

Liu, Z., Wang, L., Jenkins, B. M., Li, Y., Yi, W., & Li, Z. (2017). Influence of alkali and alkaline earth metallic species on the phenolic species of pyrolysis oil. *BioResources, 12*(1), 1611–1623. https://doi.org/10.15376/biores.12.1.1611-1623

Lu, Q., Dong, C.-q., Zhang, X.-m., Tian, H.-y., Yang, Y.-p., & Zhu, X.-f. (2011). Selective fast pyrolysis of biomass impregnated with ZnCl2 to produce furfural: Analytical Py-GC/MS study. *Journal of Analytical and Applied Pyrolysis*, *90*(2), 204–212. https://doi.org/10.1016/j.jaap.2010.12.007

Lu, Q., Xie, W.-l., Hu, B., Liu, J., Zhao, W., Zhang, B., & Wang, T.-p. (2021). A novel interaction mechanism in lignin pyrolysis: Phenolics-assisted hydrogen transfer for the decomposition of the β-O-4 linkage. *Combustion and Flame*, *225*, 395–405. https://doi.org/10.1016/j.combustflame.2020.11.011

Lv, D., Xu, M., Liu, X., Zhan, Z., Li, Z., & Yao, H. (2010). Effect of cellulose, lignin, alkali and alkaline earth metallic species on biomass pyrolysis and gasification. *Fuel Processing Technology*, *91*(8), 903–909. https://doi.org/10.1016/j.fuproc.2009.09.014

Ma, Y., Wang, W., Miao, H., Han, S., Fu, Y., Chen, Y., & Hao, J. (2024). Physicochemical synergistic effect of microwave-assisted Co-pyrolysis of biomass and waste plastics by thermal degradation, thermodynamics, numerical simulation, kinetics, and products analysis. *Renewable Energy*, *223*, 120026. https://doi.org/10.1016/j.renene.2024.120026

Mani, T., Murugan, P., Abedi, J., & Mahinpey, N. (2010). Pyrolysis of wheat straw in a thermogravimetric analyzer: effect of particle size and heating rate on devolatilization and estimation of global kinetics. *Chemical Engineering Research and Design*, *88*(8), 952–958. https://doi.org/10.1016/j.cherd.2010.02.008

Meneses, D. B., de Oca-Vásquez, G. M., Vega-Baudrit, J., Rojas-Álvarez, M., Corrales-Castillo, J., & Murillo-Araya, L. (2020). Pretreatment methods of lignocellulosic wastes into value-added products: recent advances and possibilities. Biomass Convers Biorefinery. *Biorefinery*, *122*(12), 2020.

Mishra, R., Ong, H. C., & Lin, C.-W. (2023). Progress on co-processing of biomass and plastic waste for hydrogen production. *Energy Conversion and Management*, *284*, 116983. https://doi.org/10.1016/j.enconman.2023.116983

Mo, F., Ullah, H., Zada, N., & Shahab, A. (2023). A review on catalytic co-pyrolysis of biomass and plastics waste as a thermochemical conversion to produce valuable products. *Energies*, *16*(14), 5403. https://doi.org/10.3390/en16145403

Mohabeer, C. C. D. (2018). Bio-oil production by pyrolysis of biomass coupled with a catalytic de-oxygenation treatment.

Mohammad, I., Abakr, Y., Kabir, F., Yusuf, S., Alshareef, I., & Chin, S. (2015). Pyrolysis of Napier grass in a fixed bed reactor: effect of operating conditions on product yields and characteristics. *BioResources*, *10*(4), 6457–6478. https://doi.org/10.15376/biores.10.4.6457-6478

Mohammed, H. I., Garba, K., Ahmed, S. I., & Abubakar, L. G. (2022). Thermodynamics and kinetics of Doum (Hyphaene thebaica) shell using thermogravimetric analysis: A study on pyrolysis pathway to produce bioenergy. *Renewable Energy*, *200*, 1275–1285. https://doi.org/10.1016/j.renene.2022.10.042

Mohan, D., Jr., Pittman, C. U., Bricka, M., Smith, F., Yancey, B., Mohammad, J., Steele, P. H., Alexandre-Franco, M. F., Gómez-Serrano, V., & Gong, H. (2007). Sorption of arsenic, cadmium, and lead by chars produced from fast pyrolysis of wood and bark during bio-oil production. *Journal of Colloid and Interface Science*, *310*(1), 57–73. https://doi.org/10.1016/j.jcis.2007.01.020

Mohan, D., Kumar, H., Sarswat, A., Alexandre-Franco, M., & Pittman Jr., C. U. (2014). Cadmium and lead remediation using magnetic oak wood and oak bark fast pyrolysis bio-chars. *Chemical Engineering Journal, 236*, 513–528. https://doi.org/10.1016/j.cej.2013.09.057

Mohan, D., Pittman Jr, C. U., & Steele, P. H. (2006). Pyrolysis of wood/biomass for bio-oil: a critical review. *Energy & Fuels, 20*(3), 848–889. https://doi.org/10.1021/ef0502397

Mohan, D., Rajput, S., Singh, V. K., Steele, P. H., & Pittman Jr., C. U. (2011). Modeling and evaluation of chromium remediation from water using low cost bio-char, a green adsorbent. *Journal of Hazardous Materials, 188*(1–3), 319–333. https://doi.org/10.1016/j.jhazmat.2011.01.127

Mohanty, P., Nanda, S., Pant, K. K., Naik, S., Kozinski, J. A., & Dalai, A. K. (2013). Evaluation of the physiochemical development of biochars obtained from pyrolysis of wheat straw, timothy grass and pinewood: effects of heating rate. *Journal of Analytical and Applied Pyrolysis, 104*, 485–493. https://doi.org/10.1016/j.jaap.2013.05.022

Mohanty, P., Pant, K. K., Naik, S. N., Parikh, J., Hornung, A., & Sahu, J. N. (2014). Synthesis of green fuels from biogenic waste through thermochemical route – The role of heterogeneous catalyst: A review. *Renewable and Sustainable Energy Reviews, 38*, 131–153. https://doi.org/10.1016/j.rser.2014.05.011

Mortezaeikia, V., Tavakoli, O., & Khodaparasti, M. S. (2021). A review on kinetic study approach for pyrolysis of plastic wastes using thermogravimetric analysis. *Journal of Analytical and Applied Pyrolysis, 160*, 105340. https://doi.org/10.1016/j.jaap.2021.105340

Mostafa, M. E., Alsulami, R. A., & Khedr, Y. M. (2024). Chemical kinetic models, reaction mechanism estimation and thermodynamic parameters for the thermochemical conversion of solid wastes. *Journal of Analytical and Applied Pyrolysis, 179*, 106431. https://doi.org/10.1016/j.jaap.2024.106431

Mui, E. L. K., Cheung, W. H., Valix, M., & McKay, G. (2010). Dye adsorption onto char from bamboo. *Journal of Hazardous Materials, 177*(1–3), 1001–1005. https://doi.org/10.1016/j.jhazmat.2010.01.018

Mullen, C. A., Boateng, A. A., Hicks, K. B., Goldberg, N. M., & Moreau, R. A. (2010). Analysis and comparison of bio-oil produced by fast pyrolysis from three barley biomass/byproduct streams. *Energy & Fuels, 24*(1), 699–706. https://doi.org/10.1021/ef900912s

Muniyappan, D., Shrikar, B., Azhagu, U., K Meera Sheriffa Begum K. M., & Ramanathan, A. (2023). Research progress in the co-pyrolysis of renewable biomass with plastic wastes for the synergetic production of chemicals and biofuels: A review. *Journal of Renewable and Sustainable Energy, 15*(2). https://doi.org/10.1063/5.0142355

Naqvi, S. R., & Naqvi, M. (2018). Catalytic fast pyrolysis of rice husk: Influence of commercial and synthesized microporous zeolites on deoxygenation of biomass pyrolysis vapors. *International Journal of Energy Research, 42*(3), 1352–1362. https://doi.org/10.1002/er.3943

Naqvi, S. R., Uemura, Y., Yusup, S., Sugiur, Y., Nishiyama, N., & Naqvi, M. (2015). The role of zeolite structure and acidity in catalytic deoxygenation of biomass pyrolysis vapors. *Energy Procedia, 75*, 793–800. https://doi.org/10.1016/j.egypro.2015.07.126

Negahdar, L., Gonzalez-Quiroga, A., Otyuskaya, D., Toraman, H. E., Liu, L., Jastrzebski, J. T., Van Geem, K. M., Marin, G. B., Thybaut, J. W., & Weckhuysen, B. M. (2016). Characterization and comparison of fast pyrolysis bio-oils from pinewood, rapeseed cake, and wheat straw using 13C NMR and comprehensive GC× GC. *ACS Sustainable Chemistry & Engineering, 4*(9), 4974–4985. https://doi.org/10.1021/acssuschemeng.6b01329

Oasmaa, A., & Czernik, S. (1999). Fuel oil quality of biomass pyrolysis oils – state of the art for the end users [Article]. *Energy and Fuels, 13*(4), 914–921. https://doi.org/10.1021/ef980272b

Okoroigwe, E. C., Li, Z., Kelkar, S., Saffron, C., & Onyegegbu, S. (2015). Bio-oil yield potential of some tropical woody biomass. *Journal of Energy in Southern Africa, 26*(2), 33–41. https://doi.org/10.17159/2413-3051/2015/v26i2a2193

Olbrich, W., Boscagli, C., Raffelt, K., Zang, H., Dahmen, N., & Sauer, J. (2016). Catalytic hydrodeoxygenation of pyrolysis oil over nickel-based catalysts under H2/CO2 atmosphere. *Sustainable Chemical Processes, 4*(1), 9. https://doi.org/10.1186/s40508-016-0053-x

Özçakır, G., & Karaduman, A. (2021). Effect of metal doped Zsm-5 catalyst on aromatic yield and coke formation in microalgal bio-oil production. *Bartın University International Journal of Natural and Applied Sciences, 4*(1), 20–32.

Paenpong, C., Inthidech, S., & Pattiya, A. (2013). Effect of filter media size, mass flow rate and filtration stage number in a moving-bed granular filter on the yield and properties of bio-oil from fast pyrolysis of biomass. *Bioresource Technology, 139*, 34–42. https://doi.org/10.1016/j.biortech.2013.03.200

Palamanit, A., Khongphakdi, P., Tirawanichakul, Y., & Phusunti, N. (2019). Investigation of yields and qualities of pyrolysis products obtained from oil palm biomass using an agitated bed pyrolysis reactor. *Biofuel Research Journal, 6*(4), 1065–1079. https://doi.org/10.18331/BRJ2019.6.4.3

Papari, S., & Hawboldt, K. (2015). A review on the pyrolysis of woody biomass to bio-oil: Focus on kinetic models. *Renewable and Sustainable Energy Reviews, 52*, 1580–1595. https://doi.org/10.1016/j.rser.2015.07.191

Papari, S., & Hawboldt, K. (2018). A review on condensing system for biomass pyrolysis process. *Fuel Processing Technology, 180*, 1–13. https://doi.org/10.1016/j.fuproc.2018.08.001

Park, H. J., Park, Y.-K., & Kim, J. S. (2008). Influence of reaction conditions and the char separation system on the production of bio-oil from radiata pine sawdust by fast pyrolysis. *Fuel Processing Technology, 89*(8), 797–802. https://doi.org/10.1016/j.fuproc.2008.01.003

Patel, H., Hao, N., Iisa, K., French, R. J., Orton, K. A., Mukarakate, C., Ragauskas, A. J., & Nimlos, M. R. (2020). Detailed oil compositional analysis enables evaluation of impact of temperature and biomass-to-catalyst ratio on ex situ catalytic fast pyrolysis of pine vapors over ZSM-5. *ACS Sustainable Chemistry & Engineering, 8*(4), 1762–1773. https://doi.org/10.1021/acssuschemeng.9b05383

Pattiya, A., & Suttibak, S. (2012). Production of bio-oil via fast pyrolysis of agricultural residues from cassava plantations in a fluidised-bed reactor with a hot vapour filtration unit. *Journal of Analytical and Applied Pyrolysis, 95*, 227–235. https://doi.org/10.1016/j.jaap.2012.02.010

Patwardhan, P. R., Brown, R. C., & Shanks, B. H. (2011). Product distribution from the fast pyrolysis of hemicellulose. *ChemSusChem, 4*(5), 636–643. https://doi.org/10.1002/cssc.201000425

Pütün, A., Özcan, A., & Pütün, E. (1999). Pyrolysis of hazelnut shells in a fixed-bed tubular reactor: yields and structural analysis of bio-oil. *Journal of Analytical and Applied Pyrolysis, 52*(1), 33–49. https://doi.org/10.1016/S0165-2370(99)00044-3

Pütün, A. E., Apaydın, E., & Pütün, E. (2004). Rice straw as a bio-oil source via pyrolysis and steam pyrolysis. *Energy*, *29*(12–15), 2171–2180. https://doi.org/10.1016/j. energy.2004.03.020

Pütün, A. E., Özbay, N., Önal, E. P., & Pütün, E. (2005). Fixed-bed pyrolysis of cotton stalk for liquid and solid products. *Fuel Processing Technology*, *86*(11), 1207–1219. https:// doi.org/10.1016/j.fuproc.2004.12.006

Räisänen, U., Pitkänen, I., Halttunen, H., & Hurtta, M. (2003). Formation of the main degradation compounds from arabinose, xylose, mannose and arabinitol during pyrolysis. *Journal of Thermal Analysis and Calorimetry*, *72*(2), 481–488. https://doi. org/10.1023/A:1024557011975

Rangabhashiyam, S., Anu, N., & Selvaraju, N. (2013). Sequestration of dye from textile industry wastewater using agricultural waste products as adsorbents. *Journal of Environmental Chemical Engineering*, *1*(4), 629–641. https://doi.org/10.1016/j.jece.2013.07.014

Ren, S., Lei, H., Wang, L., Bu, Q., Chen, S., Wu, J., Julson, J., & Ruan, R. (2012). Biofuel production and kinetics analysis for microwave pyrolysis of Douglas fir sawdust pellet. *Journal of Analytical and Applied Pyrolysis*, *94*, 163–169. https://doi.org/10.1016/j. jaap.2011.12.004

Ren, S., Lei, H., Wang, L., Bu, Q., Chen, S., Wu, J., Julson, J., & Ruan, R. (2013). The effects of torrefaction on compositions of bio-oil and syngas from biomass pyrolysis by microwave heating. *Bioresource Technology*, *135*, 659–664. https://doi.org/10.1016/j.biortech.2012.06.091

Ryu, H. W., Kim, D. H., Jae, J., Lam, S. S., Park, E. D., & Park, Y.-K. (2020). Recent advances in catalytic co-pyrolysis of biomass and plastic waste for the production of petroleum-like hydrocarbons. *Bioresource Technology*, *310*, 123473. https://doi.org/10.1016/j.biortech.2020.123473

Safar, M., Lin, B.-J., Chen, W.-H., Langauer, D., Chang, J.-S., Raclavska, H., Pétrissans, A., Rousset, P., & Pétrissans, M. (2019). Catalytic effects of potassium on biomass pyrolysis, combustion and torrefaction. *Applied Energy*, *235*, 346–355. https://doi.org/10.1016/j. apenergy.2018.10.065

Sahoo, D., Ummalyma, S. B., Okram, A. K., Pandey, A., Sankar, M., & Sukumaran, R. K. (2018). RETRACTED: Effect of dilute acid pretreatment of wild rice grass (Zizania latifolia) from Loktak Lake for enzymatic hydrolysis. *Bioresource Technology*, *253*, 252–255. https://doi.org/10.1016/j.biortech.2018.01.048

Saletnik, B., Zagula, G., Bajcar, M., Czernicka, M., & Puchalski, C. (2018). Biochar and biomass ash as a soil ameliorant: The effect on selected soil properties and yield of giant miscanthus (Miscanthus x giganteus). *Energies*, *11*(10), 2535. https://doi.org/10.3390/ en11102535

Scheller, H. V., & Ulvskov, P. (2010). Hemicelluloses. *Annual Review of Plant Biology*, *61*(1), 263–289. https://doi.org/10.1146/annurev-arplant-042809-112315

Seah, C. C., Tan, C. H., Arifin, N., Hafriz, R., Salmiaton, A., Nomanbhay, S., & Shamsuddin, A. (2023). Co-pyrolysis of biomass and plastic: Circularity of wastes and comprehensive review of synergistic mechanism. *Results in Engineering*, *17*, 100989. https://doi. org/10.1016/j.rineng.2023.100989

Sendich, E. D., Dale, B. E., & Kim, S. (2008). Comparison of crop and animal simulation options for integration with the biorefinery. *Biomass and Bioenergy*, *32*(12), 1162–1174. https://doi.org/10.1016/j.biombioe.2008.02.013

Şensöz, S., & Angın, D. (2008). Pyrolysis of safflower (Charthamus tinctorius L.) seed press cake: Part 1. The effects of pyrolysis parameters on the product yields. *Bioresource Technology, 99*(13), 5492–5497. https://doi.org/10.1016/j.biortech.2007.10.046

Serrano, D. P., Melero, J. A., Morales, G., Iglesias, J., & Pizarro, P. (2018). Progress in the design of zeolite catalysts for biomass conversion into biofuels and bio-based chemicals. *Catalysis Reviews, 60*(1), 1–70. https://doi.org/10.1080/01614940.2017.1389109

Shao, L., You, T., Wang, C., Yang, G., Xu, F., & Lucia, L. (2017). Catalytic stepwise pyrolysis of technical lignin. *BioResources, 12*(3), 4639–4651. https://doi.org/10.15376/biores.12.3.4639-4651

Sheldon, R. A. (2014). Green and sustainable manufacture of chemicals from biomass: state of the art. *Green Chemistry, 16*(3), 950–963. https://doi.org/10.1039/C3GC41935E

Shemfe, M. B., Gu, S., & Ranganathan, P. (2015). Techno-economic performance analysis of biofuel production and miniature electric power generation from biomass fast pyrolysis and bio-oil upgrading. *Fuel, 143*, 361–372. https://doi.org/10.1016/j.fuel.2014.11.078

Shen, Y. (2021). Fractionation of biomass and plastic wastes to value-added products via stepwise pyrolysis: a state-of-art review. *Reviews in Chemical Engineering, 37*(5), 643–661. https://doi.org/10.1515/revce-2019-0046

Shrestha, B., Le Brech, Y., Ghislain, T., Leclerc, S., Carré, V., Aubriet, F., Hoppe, S., Marchal, P., Pontvianne, S., & Brosse, N. (2017). A multitechnique characterization of lignin softening and pyrolysis. *ACS Sustainable Chemistry & Engineering, 5*(8), 6940–6949. https://doi.org/10.1021/acssuschemeng.7b01130

Singh, M., Salaudeen, S. A., Gilroyed, B. H., Al-Salem, S. M., & Dutta, A. (2023). A review on co-pyrolysis of biomass with plastics and tires: recent progress, catalyst development, and scaling up potential. *Biomass Conversion and Biorefinery, 13*(10), 8747–8771. https://doi.org/10.1007/s13399-021-01818-x

Siriwardhana, M. (2020). Fractional condensation of pyrolysis vapours as a promising approach to control bio-oil aging: Dry birch bark bio-oil. *Renewable Energy, 152*, 1121–1128. https://doi.org/10.1016/j.renene.2020.01.095

Solarte-Toro, J. C., Romero-García, J. M., Martínez-Patiño, J. C., Ruiz-Ramos, E., Castro-Galiano, E., & Cardona-Alzate, C. A. (2019). Acid pretreatment of lignocellulosic biomass for energy vectors production: A review focused on operational conditions and techno-economic assessment for bioethanol production. *Renewable and Sustainable Energy Reviews, 107*, 587–601. https://doi.org/10.1016/j.rser.2019.02.024

Sophonrat, N., Sandström, L., Zaini, I. N., & Yang, W. (2018). Stepwise pyrolysis of mixed plastics and paper for separation of oxygenated and hydrocarbon condensates. *Applied Energy, 229*, 314–325. https://doi.org/10.1016/j.apenergy.2018.08.006

Sui, H., Yang, H., Shao, J., Wang, X., Li, Y., & Chen, H. (2014). Fractional condensation of multicomponent vapors from pyrolysis of cotton stalk. *Energy & Fuels, 28*(8), 5095–5102. https://doi.org/10.1021/ef5006012

Supramono, D., & Edgar, J. (2019). Characteristics of Non-Polar Bio-oil Produced by Co-pyrolysis of Corn Cobs and Polypropylene using CO_2 as Carrier Gas. *Evergreen, 6*(1), 78–84. https://doi.org/10.5109/2328407

Thangalazhy-Gopakumar, S., Al-Nadheri, W. M. A., Jegarajan, D., Sahu, J., Mubarak, N., & Nizamuddin, S. (2015). Utilization of palm oil sludge through pyrolysis for bio-oil and bio-char production. *Bioresource Technology, 178*, 65–69. https://doi.org/10.1016/j.biortech.2014.09.068

Tran, K.-Q., Werle, S., Trinh, T. T., Magdziarz, A., Sobek, S., & Pogrzeba, M. (2020). Fuel characterization and thermal degradation kinetics of biomass from phytoremediation plants. *Biomass and Bioenergy, 134*, 105469. https://doi.org/10.1016/j.biombioe.2020.105469

Tsai, W., Chang, C., & Lee, S. (1997). Preparation and characterization of activated carbons from corn cob. *Carbon, 35*, 1198–1200. https://doi.org/10.1016/s0008-6223(97)84654-4

Usino, D. O., Ylitervo, P., Pettersson, A., & Richards, T. (2020). Influence of temperature and time on initial pyrolysis of cellulose and xylan. *Journal of Analytical and Applied Pyrolysis, 147*, 104782. https://doi.org/10.1016/j.jaap.2020.104782

Uzoejinwa, B. B., He, X., Wang, S., Abomohra, A. E.-F., Hu, Y., & Wang, Q. (2018). Co-pyrolysis of biomass and waste plastics as a thermochemical conversion technology for high-grade biofuel production: Recent progress and future directions elsewhere worldwide. *Energy Conversion and Management, 163*, 468–492. https://doi.org/10.1016/j.enconman.2018.02.004

Venderbosch, R. H. (2019). Fast pyrolysis. In R. C. Brown (Ed.), *Thermochemical processing of biomass: conversion into fuels, chemicals and power* (pp. 175–206). John Wiley & Sons Ltd. https://doi.org/10.1002/9781119417637.ch6

Verma, M., Godbout, S., Brar, S. K., Solomatnikova, O., Lemay, S. P., & Larouche, J.-P. (2012). Biofuels production from biomass by thermochemical conversion technologies. *International Journal of Chemical Engineering, 2012*(1), 542426. https://doi.org/10.1155/2012/542426

Vitázek, I., Šotnar, M., Hrehová, S., Darnadyová, K., & Mareček, J. (2021). Isothermal kinetic analysis of the thermal decomposition of wood chips from an apple tree. *Processes, 9*(2), 195. https://doi.org/10.3390/pr9020195

Vuppaladadiyam, A. K., Vuppaladadiyam, S. S. V., Sikarwar, V. S., Ahmad, E., Pant, K. K., Pandey, A., Bhattacharya, S., Sarmah, A., & Leu, S.-Y. (2023). A critical review on biomass pyrolysis: Reaction mechanisms, process modeling and potential challenges. *Journal of the Energy Institute, 108*, 101236. https://doi.org/10.1016/j.joei.2023.101236

Wang, H., Elliott, D. C., French, R. J., Deutch, S., & Iisa, K. (2016). Biomass conversion to produce hydrocarbon liquid fuel via hot-vapor filtered fast pyrolysis and catalytic hydrotreating. *Journal of Visualized Experiments: Jove* (118), 54088. https://doi.org/10.3791/54088

Wang, J., Liu, Q., Zhou, J., & Yu, Z. (2021). Production of high-value chemicals by biomass pyrolysis with metal oxides and zeolites. *Waste and Biomass Valorization, 12*(6), 3049–3057. https://doi.org/10.1007/s12649-020-00962-1

Wang, P., & Howard, B. H. (2017). Impact of thermal pretreatment temperatures on woody biomass chemical composition, physical properties and microstructure. *Energies, 11*(1), 25. https://doi.org/10.3390/en11010025

Wang, S.-r., Liang, T., Ru, B., & Guo, X.-j. (2013). Mechanism of xylan pyrolysis by Py-GC/MS. *Chemical Research in Chinese Universities, 29*(4), 782–787. https://doi.org/10.1007/s40242-013-2447-6

Wang, S., Dai, G., Yang, H., & Luo, Z. (2017). Lignocellulosic biomass pyrolysis mechanism: A state-of-the-art review. *Progress in Energy and Combustion Science, 62*, 33–86. https://doi.org/10.1016/j.pecs.2017.05.004

Wang, S., Ru, B., Lin, H., & Sun, W. (2015b). Pyrolysis behaviors of four O-acetyl-preserved hemicelluloses isolated from hardwoods and softwoods. *Fuel, 150*, 243–251. https://doi.org/10.1016/j.fuel.2015.02.045

Wang, S., Ru, B., Lin, H., Sun, W., & Luo, Z. (2015a). Pyrolysis behaviors of four lignin polymers isolated from the same pine wood. *Bioresource Technology, 182*, 120–127. https://doi.org/10.1016/j.biortech.2015.01.127

Wang, W., Gu, Y., Zhou, C., & Hu, C. (2022). Current challenges and perspectives for the catalytic pyrolysis of lignocellulosic biomass to high-value products. *Catalysts, 12*(12), 1524. https://doi.org/10.3390/catal12121524

Waqas, S., Harun, N. Y., Sambudi, N. S., Abioye, K. J., Zeeshan, M. H., Ali, A., Abdulrahman, A., Alkhattabi, L., & Alsaadi, A. S. (2023). Effect of operating parameters on the performance of integrated fixed-film activated sludge for wastewater treatment. *Membranes, 13*(8), 704. https://doi.org/10.3390/membranes13080704

Weerachanchai, P., Tangsathitkulchai, C., & Tangsathitkulchai, M. (2007). *Fuel properties and chemical compositions of bio-oils from biomass pyrolysis* (0148-7191).

Werner, K., Pommer, L., & Broström, M. (2014). Thermal decomposition of hemicelluloses. *Journal of Analytical and Applied Pyrolysis, 110*, 130–137. https://doi.org/10.1016/j.jaap.2014.08.013

Xia, H., Yan, X., Xu, S., Yang, L., Ge, Y., Wang, J., & Zuo, S. (2015). Effect of Zn/ZSM-5 and FePO4 catalysts on cellulose pyrolysis. *Journal of Chemistry, 2015*(1), 749875. https://doi.org/10.1155/2015/749875

Xiong, Q., Aramideh, S., & Kong, S.-C. (2013). Modeling effects of operating conditions on biomass fast pyrolysis in bubbling fluidized bed reactors. *Energy & Fuels, 27*(10), 5948–5956. https://doi.org/10.1021/ef4012966

Xu, G., Yang, P., Yang, S., Wang, H., & Fang, B. (2022). Non-natural catalysts for catalytic tar conversion in biomass gasification technology. *International Journal of Hydrogen Energy, 47*(12), 7638–7665. https://doi.org/10.1016/j.ijhydene.2021.12.094

Yang, H., Yan, R., Chen, H., Lee, D. H., & Zheng, C. (2007). Characteristics of hemicellulose, cellulose and lignin pyrolysis. *Fuel, 86*(12–13), 1781–1788. https://doi.org/10.1016/j.fuel.2006.12.013

Yang, H., Yan, R., Chen, H., Zheng, C., Lee, D. H., & Liang, D. T. (2006). In-depth investigation of biomass pyrolysis based on three major components: hemicellulose, cellulose and lignin. *Energy & Fuels, 20*(1), 388–393. https://doi.org/10.1021/ef0580117

Yansaneh, O. Y., & Zein, S. H. (2022a). Latest advances in waste plastic pyrolytic catalysis. *Processes, 10*(4), 683. https://doi.org/10.3390/pr10040683

Yansaneh, O. Y., & Zein, S. H. (2022b). Recent advances on waste plastic thermal pyrolysis: A critical overview. *Processes, 10*(2), 332. https://doi.org/10.3390/pr10020332

Yogalakshmi, K., Sivashanmugam, P., Kavitha, S., Yukesh Kannah, R., & Rajesh Banu, J. (2022). Lignocellulosic biomass-based pyrolysis: A comprehensive review. *Chemosphere, 286*, 131824. https://doi.org/10.1016/j.chemosphere.2021.131824

Zhang, F., Xu, L., Xu, F., & Jiang, L. (2021). Different acid pretreatments at room temperature boost selective saccharification of lignocellulose via fast pyrolysis. *Cellulose, 28*(1), 81–90. https://doi.org/10.1007/s10570-020-03544-5

Zhang, H., Xiao, R., Huang, H., & Xiao, G. (2009). Comparison of non-catalytic and catalytic fast pyrolysis of corncob in a fluidized bed reactor. *Bioresource Technology, 100*(3), 1428–1434. https://doi.org/10.1016/j.biortech.2008.08.031

Zheng, A., Jiang, L., Zhao, Z., Huang, Z., Zhao, K., Wei, G., & Li, H. (2017). Catalytic fast pyrolysis of lignocellulosic biomass for aromatic production: chemistry, catalyst and process. *Wiley Interdisciplinary Reviews: Energy and Environment, 6*(3), e234. https://doi.org/10.1002/wene.234

Zulkafli, A., Hassan, H., Ahmad, M., & Din, A. M. (2024). Co-pyrolysis of palm kernel shell and polypropylene for the production of high-quality bio-oil: product distribution and synergistic effect. *Biomass Conversion and Biorefinery, 14*(12), 13391–13406. https://doi.org/10.1007/s13399-022-03476-z